I0032429

MINISTÈRE DU COMMERCE, DE L'   TRIE

DES POSTES ET DES TÉLÉGRAPHES

_____

CTION DE L'ASSURANCE ET DE LA PRÉVOYANCE SOCIALES

⟶ ⬦ ⟵

8ᵉ R

8305

8ᵉ R

18305

TABLES DE MORTALITÉ

ET

TARIFS ÉTABLIS PAR LA CAISSE NATIONALE

DES RETRAITES

POUR L'EXÉCUTION DE LA LOI DU 9 AVRIL 1898

CONCERNANT

LES RESPONSABILITÉS DES ACCIDENTS

DONT LES OUVRIERS SONT VICTIMES DANS LEUR TRAVAIL

(Extrait du *Journal officiel* du 10 mai 1899)

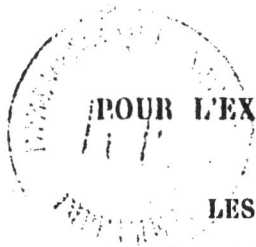

PARIS

IMPRIMERIE NATIONALE

BERGER-LEVRAULT ET Cⁱᵉ, ÉDITEURS, 5, RUE DES BEAUX-ARTS

_____

MDCCCCII

TABLES DE MORTALITÉ ET TARIFS

établis par la Caisse nationale des retraites pour l'exécution de la loi du 9 avril 1898, concernant les responsabilités des accidents dont les ouvriers sont victimes dans leur travail.

La loi du 9 avril 1898 concernant les responsabilités des accidents dont les ouvriers sont victimes dans leur travail a prévu dans son article 28, pour le versement à la Caisse nationale des retraites du capital représentatif des pensions dues par les chefs d'entreprise ou les assureurs, l'établissement d'un *tarif spécial tenant compte de la mortalité des victimes d'accidents et de leurs ayants droit*.

En conséquence, la Caisse nationale des retraites a élaboré le *tarif* ci-après, dont l'application se trouve précisée dans une *notice* annexe.

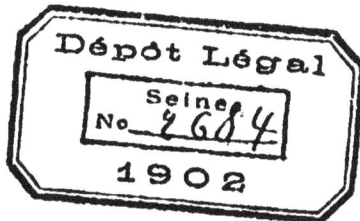

Dépôt Légal

Seine
No 2684

1902

TABLEAU N° 1.

TABLE DE MORTALITÉ ET TARIF APPLICABLES AUX CONJOINTS ET ASCENDANTS DE VICTIMES D'ACCIDENTS MORTELS (TABLE DE MORTALITÉ C. R. — TAUX 3 1/2 P. o/o).

ÂGE.	TABLE C. R.	PRIX D'UNE RENTE viagère de 1 franc.	ÂGE.	TABLE C. R.	PRIX D'UNE RENTE viagère de 1 franc.
12 ans........	96.505	21ᶠ 8284	42 ans........	78.102	16ᶠ 4221
13..........	96.176	21 6648	43..........	77.382	16 1447
14..........	95.796	21 5069	44..........	76.646	15 8597
15..........	95.361	21 3556	45..........	75.894	15 5666
16..........	94.870	21 2115	46..........	75.120	15 2662
17..........	94.326	21 0743	47..........	74.316	14 9599
18..........	93.734	20 9430	48..........	73.472	14 6493
19..........	93.096	20 8176	49..........	72.579	14 3359
20..........	92.423	20 6959	50..........	71.629	14 0212
21..........	91.724	20 5760	51..........	70.618	13 7058
22..........	91.011	20 4554	52..........	69.546	13 3895
23..........	90.297	20 3310	53..........	68.417	13 0715
24..........	89.598	20 1991	54..........	67.233	12 7512
25..........	88.918	20 0582	55..........	65.999	12 4276
26..........	88.260	19 9074	56..........	64.717	12 0999
27..........	87.623	19 7463	57..........	63.387	11 7680
28..........	87.002	19 5756	58..........	62.007	11 4319
29..........	86.388	19 3971	59..........	60.577	11 0915
30..........	85.777	19 2112	60..........	59.093	10 7472
31..........	85.165	19 0185	61..........	57.552	10 3995
32..........	84.551	18 8190	62..........	55.951	10 0486
33..........	83.935	18 6125	63..........	54.285	9 6954
34..........	83.319	18 3980	64..........	52.548	9 3410
35..........	82.701	18 1758	65..........	50.736	8 9863
36..........	82.081	17 9455	66..........	48.842	8 6328
37..........	81.454	17 7078	67..........	46.861	8 2821
38..........	80.817	17 4630	68..........	44.794	7 9348
39..........	80.165	17 2120	69..........	42.642	7 5919
40..........	79.495	16 9551	70..........	40.407	7 2545
41..........	78.807	16 6920	71..........	38.096	6 9233

ÂGE.	TABLE C. R.	PRIX D'UNE RENTE VIAGÈRE de 1 franc.	ÂGE.	TABLE C. R.	PRIX D'UNE RENTE VIAGÈRE de 1 franc.
72 ans	35.718	6f 5990	88 ans	3.261	2f 8690
73	33.282	6 2826	89	2.470	2 7456
74	30.799	5 9755	90	1.838	2 6320
75	28.288	5 6782	91	1.347	2 5197
76	25.769	5 3913	92	972	2 4056
77	23.265	5 1152	93	691	2 2833
78	20.802	4 8502	94	482	2 1552
79	18.409	4 5955	95	330	2 0115
80	16.109	4 3519	96	220	1 8560
81	13.927	4 1191	97	142	1 6842
82	11.883	3 8979	98	88	1 4880
83	9.995	3 6891	99	52	1 2412
84	8.275	3 4947	100	28	0 9366
85	6.737	3 3151	101	11	0 6673
86	5.388	3 1512	102	2	0 4924
87	4.231	3 0026			

TABLEAU N° 2.

TABLE DE MORTALITÉ ET TARIF APPLICABLES AUX ENFANTS ET DESCENDANTS DE VICTIMES D'ACCIDENTS MORTELS (TABLE DE MORTALITÉ C. R. PROLONGÉE. — TAUX 3 1/2 P. 0/0).

ÂGE.	TABLE C. R. PROLONGÉE.	PRIX D'UNE RENTE TEMPORAIRE de 1 franc.	ÂGE.	TABLE C. R. PROLONGÉE.	PRIX D'UNE RENTE TEMPORAIRE de 1 franc.
0 (naissance)	125.056	9f 7252	8 ans	97.561	6f 8727
1 an	105.767	10 8004	9	97.294	6 1213
2 ans	101.631	10 6046	10	97.045	5 3402
3	100.000	10 1382	11	96.790	4 5296
4	99.285	9 5564	12	96.505	3 6893
5	98.708	8 9370	13	96.176	2 8183
6	98.244	8 2820	14	95.796	1 9146
7	97.870	7 5933	15	95.361	0 9760

TABLEAU N° 3.

TABLE DE MORTALITÉ ET TARIF APPLICABLES AUX VICTIMES D'ACCIDENTS AYANT ENTRAÎNÉ L'INCAPACITÉ ABSOLUE ET PERMANENTE DE TRAVAIL.

(Table de mortalité C. R. I. [1]. — *Taux 3 1/2 p. 100.)*

[1] Table de mortalité de la (C.) Caisse des (R.) retraites pour les (I.) invalides.

NATURE DES TABLES ET TARIFS.	TEMPS ÉCOULÉ depuis l'accident.	ÂGE AU MOMENT DE L'ACCIDENT.											
		12 ans.			13 ans.			14 ans.			15 ans.		
		Âge actuel.	Table de mortalité.	Prix d'une rente viagère de 1 franc.	Âge actuel.	Table de mortalité.	Prix d'une rente viagère de 1 franc.	Âge actuel.	Table de mortalité.	Prix d'une rente viagère de 1 franc.	Âge actuel.	Table de mortalité.	Prix d'une rente viagère de 1 franc.
	ans.	ans.			ans.			ans.			ans.		
Table et tarif applicables pendant les quinze premières années d'invalidité........	0	12	174.728	12ᶠ 9464	13	172.451	12ᶠ 9663	14	170.139	12ᶠ 9864	15	167.789	13ᶠ 0077
	1	13	142.681	15 2888	14	141.323	15 2578	15	139.903	15 2297	16	138.425	15 2048
	2	14	124.996	16 9854	15	124.014	16 9196	16	122.965	16 8586	17	121.860	16 8016
	3	15	114.266	18 1782	16	113.447	18 0908	17	112.567	18 0086	18	111.637	17 9306
	4	16	107.299	18 9987	17	106.550	18 8987	18	105.748	18 8036	19	104.898	18 7133
	5	17	102.229	19 5508	18	101.807	19 4436	19	101.034	19 3419	20	100.227	19 2430
	6	18	99.116	19 9104	19	98.395	19 8003	20	97.635	19 6940	21	96.851	19 5890
	7	19	96.572	20 1330	20	95.846	20 0210	21	95.092	19 9109	22	94.326	19 7998
	8	20	94.608	20 2559	21	93.876	20 1421	22	93.129	20 0276	22	92.383	19 9092
	9	21	93.042	20 3055	22	92.310	20 1884	23	91.575	20 0679	24	90.858	19 9395
	10	22	91.759	20 2992	23	91.035	20 1767	24	90.324	20 0471	25	89.634	19 9083
	11	23	90.684	20 2490	24	89.981	20 1178	25	89.294	19 9784	26	88.631	19 8286
	12	24	89.771	20 1619	25	89.090	20 0212	26	88.428	19 8712	27	87.789	19 7106
	13	25	88.978	20 0452	26	88.320	19 8943	27	87.681	19 7337	28	87.059	19 5633
	14	26	88.272	19 9047	27	87.635	19 7436	28	87.013	19 5732	29	86.399	19 3947
Table C. R. [1]. Table 3 1/2 o/o C. R.	15	27	87.623	19 7463	28	87.002	19 5756	29	86.388	19 3971	30	85.777	19 2112

[1] A partir de la seizième année d'invalidité, la table C. R. et le tarif 3 1/2 p. 100 deviennent applicables (Tableau nᵒ 1).

NATURE DES TABLES ET TARIFS.	TEMPS ÉCOULÉ depuis l'accident.	ÂGE AU MOMENT DE L'ACCIDENT.											
		16 ans.			17 ans.			18 ans.			19 ans.		
		Âge actuel.	Table de mortalité.	Prix d'une rente viagère de 1 franc.	Âge actuel.	Table de mortalité.	Prix d'une rente viagère de 1 franc.	Âge actuel.	Table de mortalité.	Prix d'une rente viagère de 1 franc.	Âge actuel.	Table de mortalité.	Prix d'une rente viagère de 1 franc.
	ans.	ans.			ans.			ans.			ans.		
Table et tarif applicables pendant les quinze premières années d'invalidité........	0	16	165.387	13f 0311	17	162.947	13f 0563	18	160.472	13f 0833	19	157.970	13f 1120
	1	17	136.884	15 1835	18	135.296	15 1649	19	133.658	15 1495	20	131.992	15 1355
	2	18	120.697	16 7489	19	119.485	16 6999	20	118.234	16 6534	21	116.962	16 6075
	3	19	110.651	17 8579	20	109.630	17 7875	21	108.580	17 7186	22	107.520	17 6486
	4	20	104.007	18 6266	21	103.090	18 5411	22	102.158	18 4550	23	101.230	18 3650
	5	21	99.389	19 1464	22	98.538	19 0488	23	97.686	18 9478	24	96.854	18 8392
	6	22	96.049	19 4838	23	95.248	19 3748	24	94.463	19 2585	25	93.701	19 1334
	7	23	93.556	19 6856	24	92.803	19 5638	25	92.070	19 4333	26	91.362	19 2928
	8	24	91.650	19 7838	25	90.937	19 6496	26	90.247	19 5054	27	89.581	19 3508
	9	25	90.158	19 8027	26	89.481	19 6559	27	88.825	19 4991	28	88.188	19 3323
	10	26	88.965	19 7599	27	88.318	19 6011	28	87.686	19 4330	29	87.064	19 2565
	11	27	87.989	19 6687	28	87.363	19 4993	29	86.743	19 3222	30	86.128	19 1373
	12	28	87.166	19 5405	29	86.550	19 3624	30	85.936	19 1773	31	85.323	18 9849
	13	29	86.445	19 3847	30	85.833	19 1991	31	85.220	19 0067	32	84.606	18 8073
	14	30	85.788	19 2088	31	85.176	19 0161	32	84.562	18 8167	33	83.946	18 6101
Table C. R. Tarif 3 1/2 o/o C.R.	15	31	85.165	19 0185	32	84.551	18 8190	33	83.935	18 6125	34	83.319	18 3980

— 6 —

NATURE DES TABLES ET TARIFS.	TEMPS ÉCOULÉ depuis l'accident.	ÂGE AU MOMENT DE L'ACCIDENT.										
		20 ans.			21 ans.			22 ans.			23 ans.		
		Âge actuel.	Table de mortalité.	Prix d'une rente viagère de 1 franc.	Âge actuel.	Table de mortalité.	Prix d'une rente viagère de 1 franc.	Âge actuel.	Table de mortalité.	Prix d'une rente viagère de 1 franc.	Âge actuel.	Table de mortalité.	Prix d'une rente viagère de 1 franc.
	ans.	ans.			ans.			ans.			ans.		
Table et tarif applicables pendant les quinze premières années d'invalidité..........	0	20	155.459	13f 1412	21	152.948	13f 1704	22	150.465	13f 1973	23	148.031	13f 2201
	1	21	130.310	15 1217	22	128.625	15 1066	23	126.962	15 0875	24	125.344	15 0611
	2	22	115.682	16 5602	23	114.408	16 5096	24	113.166	16 4517	25	111.960	16 3854
	3	23	106.465	17 5746	24	105.432	17 4938	25	104.428	17 4046	26	103.456	17 3059
	4	24	100.322	18 2677	25	99.438	18 1621	26	98.582	18 0471	27	97.753	17 9222
	5	25	96.045	18 7219	26	95.261	18 5953	27	94.502	18 4586	28	93.762	18 3127
	6	26	92.963	18 9985	27	92.248	18 8537	28	91.552	18 6995	29	90.863	18 5376
	7	27	90.676	19 1423	28	90.007	18 9825	29	89.347	18 8146	30	88.689	18 6398
	8	28	88.930	19 1871	29	88.287	19 0154	30	87.648	18 8364	31	87.007	18 6509
	9	29	87.556	19 1580	30	86.928	18 9764	31	86.300	18 7879	32	85.668	18 5930
	10	30	86.442	19 0733	31	85.821	18 8836	32	85.198	18 6860	33	84.572	18 4826
	11	31	85.510	18 9462	32	84.892	18 7478	33	84.271	18 5426	34	83.650	18 3295
	12	32	84.705	18 7864	33	84.088	18 5802	34	83.470	18 3663	35	82.849	18 1449
	13	33	83.988	18 6012	34	83.372	18 3868	35	82.753	18 1648	36	82.132	17 9347
	14	34	83.329	18 3959	35	82.711	18 1737	36	82.091	17 9433	37	81.464	17 7056
Table C. R. Tarif 3 1/2 o/o C.R.	15	35	82.701	18 1758	36	82.081	17 9455	37	81.454	17 7078	38	80.817	17 4630

NATURE DES TABLES ET TARIFS.	TEMPS ÉCOULÉ depuis l'accident.	ÂGE AU MOMENT DE L'ACCIDENT.											
		24 ans.			25 ans.			26 ans.			27 ans.		
		Âge actuel.	Table de mortalité.	Prix d'une rente viagère de 1 franc.	Âge actuel.	Table de mortalité.	Prix d'une rente viagère de 1 franc.	Âge actuel.	Table de mortalité.	Prix d'une rente viagère de 1 franc.	Âge actuel.	Table de mortalité.	Prix d'une rente viagère de 1 franc.
	ans.	ans.			ans.			ans.			ans.		
Table et tarif applicables pendant les quinze premières années d'invalidité.........	0	24	145.673	13f 2361	25	143.393	13f 2443	26	142.329	13f 1513	27	141.303	13f 0515
	1	25	123.775	15 0269	26	122.257	14 9836	27	121.376	14 8673	28	120.519	14 7438
	2	26	110.793	16 3100	27	109.662	16 2251	28	108.887	16 0885	29	108.122	15 9454
	3	27	102.516	17 1975	28	101.598	17 0803	29	100.883	16 9271	30	100.173	16 7674
	4	28	96.946	17 7880	29	96.148	17 6464	30	95.470	17 4790	31	94.792	17 3055
	5	29	93.032	18 1591	30	92.305	17 9984	31	91.648	17 8192	32	90.990	17 6334
	6	30	90.180	18 3684	31	89.494	18 1929	32	88.850	18 0029	33	88.205	17 8059
	7	31	88.032	18 4582	32	87.371	18 2702	33	86.736	18 0700	34	86.101	17 8622
	8	32	86 366	18 4584	33	85.721	18 2592	34	85.093	18 0490	35	84.463	17 8312
	9	33	85.037	18 3905	34	84.403	18 1808	35	83.778	17 9612	36	83.151	17 7337
	10	34	83.948	18 2699	35	83.319	18 0506	36	82.696	17 8216	37	82.065	17 5856
	11	35	83.028	18 1085	36	82.402	17 8798	37	81.774	17 6428	38	81.135	17 3989
	12	36	82.228	17 9150	37	81.598	17 6781	38	80.961	17 4335	39	80.308	17 1899
	13	37	81.505	17 6971	38	80.867	17 4526	39	80.215	17 2017	40	79.545	16 9449
	14	38	80.827	17 4609	39	80.175	17 2099	40	79.505	16 9530	41	78.817	16 6899
Table C. R. Tarif 3 1/2 o/o C. R.	15	39	80.165	17 2120	40	79.495	16 9551	41	78.807	16 6920	42	78.102	16 4221

NATURE DES TABLES ET TARIFS.	TEMPS écoulé depuis l'accident.	ÀGE AU MOMENT DE L'ACCIDENT.											
		28 ans.			29 ans.			30 ans.			31 ans.		
		Âge actuel.	Table de mortalité.	Prix d'une rente viagère de 1 franc.	Âge actuel.	Table de mortalité.	Prix d'une rente viagère de 1 franc.	Âge actuel.	Table de mortalité.	Prix d'une rente viagère de 1 franc.	Âge actuel.	Table de mortalité.	Prix d'une rente viagère de 1 franc.
	ans.	ans.			ans.			ans.			ans.		
Table et tarif applicables pendant les quinze premières années d'invalidité.........	0	28	140.299	12f9457	29	139.311	12f8348	30	138.336	12f7187	31	137.355	12f5986
	1	29	119.667	14 6148	30	118.822	14 4804	31	117.982	14 3406	32	117.135	14 1961
	2	30	107.356	15 7968	31	106.591	15 6427	32	105.828	15 4827	33	105.060	15 3172
	3	31	99.456	16 6026	32	98.740	16 4316	33	98.025	16 2541	34	97.308	16 0701
	4	32	94.106	17 1265	33	93.421	16 9408	34	92.739	16 7476	35	92.053	16 5475
	5	33	90.324	17 4418	34	89.662	17 2424	35	89.000	17 0354	36	88.334	16 8211
	6	34	87.555	17 6022	35	86.906	17 3907	36	86.257	17 1710	37	85.599	16 9446
	7	35	85.460	17 6475	36	84.820	17 4245	37	84.174	17 1941	38	83.516	16 9572
	8	36	83.828	17 6059	37	83.188	17 3731	38	82.539	17 1332	39	81.873	16 8874
	9	37	82.514	17 4993	38	81.869	17 2576	39	81.210	17 0096	40	80.531	16 7560
	10	38	81.421	17 3430	39	80.765	17 0937	40	80.091	16 8385	41	79 397	16 5775
	11	39	80.478	17 1493	40	79.806	16 8933	41	79.117	16 6308	42	78.408	16 3623
	12	40	79.635	16 9268	41	78.946	16 6641	42	78.241	16 3945	43	77.519	16 1178
	13	41	78.855	16 6822	42	78.150	16 4124	43	77.430	16 1351	44	76.693	15 8504
	14	42	78.111	16 4203	43	77.391	16 1429	44	76.655	15 8579	45	75.903	15 5648
Table C. R. Table 3 1/2 o/o C. R.	15	43	77.382	16 1447	44	76.646	15 8597	45	75.894	15 5666	46	75.120	15 2662

NATURE DES TABLES ET TARIFS.	TEMPS ÉCOULÉ depuis l'accident.	ÂGE AU MOMENT DE L'ACCIDENT.											
		32 ans.			33 ans.			34 ans.			35 ans.		
		Âge actuel.	Table de mortalité.	Prix d'une rente viagère de 1 franc.	Âge actuel.	Table de mortalité.	Prix d'une rente viagère de 1 franc.	Âge actuel.	Table de mortalité.	Prix d'une rente viagère de 1 franc.	Âge actuel.	Table de mortalité.	Prix d'une rente viagère de 1 franc.
	ans.	ans.			ans.			ans.			ans.		
Table et tarif applicables pendant les quinze premières années d'invalidité.........	0	32	136.373	12f 4742	33	135.382	12f 3457	34	134.402	12f 2117	35	133.419	12f 0727
	1	33	116.287	14 0464	34	115.435	13 8912	35	114.589	13 7297	36	113.740	13 5623
	2	34	104.293	15 1453	35	103.520	14 9675	36	102.752	14 7824	37	101.974	14 5915
	3	35	96.589	15 8794	36	95.865	15 6819	37	95.139	15 4775	38	94.400	15 2671
	4	36	91.365	16 3403	37	90.667	16 1265	38	89.963	15 9058	39	89.241	15 6797
	5	37	87.661	16 5909	38	86.975	16 3724	39	86.277	16 1386	40	85.559	15 8993
	6	38	84.931	16 7115	39	84.245	16 4726	40	83.544	16 2276	41	82.823	15 9769
	7	39	82.844	16 7140	40	82.150	16 4656	41	81.442	16 2104	42	80.715	15 9490
	8	40	81.190	16 6357	41	80.486	16 3782	42	79.768	16 1136	43	79.034	15 8418
	9	41	79.835	16 4961	42	79.119	16 2300	43	78.392	15 9558	44	77.647	15 6743
	10	42	78.688	16 3094	43	77.961	16 0344	44	77.221	15 7512	45	76.464	15 4602
	11	43	77.686	16 0858	44	76.946	15 8021	45	76.192	15 5100	46	75.416	15 2106
	12	44	76.782	15 8332	45	76.028	15 5407	46	75.253	15 2408	47	74.449	14 9348
	13	45	75.941	15 5574	46	75.166	15 2573	47	74.362	14 9511	48	73.518	14 6405
	14	46	75.129	15 2645	47	74.325	14 9581	48	73.481	14 6476	49	72.588	14 3342
Table C. R. Tarif 3 1/2 o/o C. R.	15	47	74.316	14 9599	48	73.472	14 6493	49	72.579	14 3359	50	71.629	14 0212

NATURE DES TABLES ET TARIFS.	TEMPS écoulé depuis l'accident.	ÂGE AU MOMENT DE L'ACCIDENT.											
		36 ans.			37 ans.			38 ans.			39 ans.		
		Âge actuel.	Table de mortalité.	Prix d'une rente viagère de 1 franc.	Âge actuel.	Table de mortalité.	Prix d'une rente viagère de 1 franc.	Âge actuel.	Table de mortalité.	Prix d'une rente viagère de 1 franc.	Âge actuel.	Table de mortalité.	Prix d'une rente viagère de 1 franc.
	ans.	ans.			ans.			ans.			ans.		
	0	36	132.994	11f 8850	37	132.560	11f 6934	38	132.119	11f 4978	39	131.648	11f 2996
	1	37	113.168	13 3599	38	112.583	13 1528	39	111.982	12 9415	40	111.350	12 7271
	2	38	101.341	14 3754	39	100.690	14 1545	40	100.019	13 9290	41	99.321	13 6995
	3	39	93.734	15 0386	40	93.047	14 8052	41	92.341	14 5666	42	91.612	14 3229
Table et tarif appli- cables pendant les quinze premières années d'invali- dité.........	4	40	88.552	15 4401	41	87.843	15 1950	42	87.117	14 9439	43	86.372	14 6864
	5	41	84.853	15 6491	42	84.128	15 3929	43	83.390	15 1294	44	82.632	14 8592
	6	42	82.103	15 7166	43	81.367	15 4491	44	80.617	15 1741	45	79.847	14 8918
	7	43	79.983	15 6785	44	79.235	15 4005	45	78.473	15 1143	46	77.685	14 8217
	8	44	78.290	15 5614	45	77.529	15 2731	46	76.748	14 9774	47	75.934	14 6762
	9	45	76.890	15 3841	46	76.110	15 0869	47	75.301	14 7835	48	74.450	14 4762
	10	46	75.687	15 1615	47	74.879	14 8571	48	74.032	14 5482	49	73.134	14 2369
	11	47	74.610	14 9053	48	73.764	14 5956	49	72.869	14 2832	50	71.916	13 9696
	12	48	73.604	14 6246	49	72.710	14 3117	50	71.759	13 9974	51	70.746	13 6826
	13	49	72.625	14 3273	50	71.674	14 0129	51	70.663	13 6975	52	69.590	13 3815
	14	50	71.638	14 0195	51	70.627	13 7041	52	69.555	13 3879	53	68.426	13 0699
Table C. R. Tarif 3 1/2 o/o C. R.	15	51	70.618	13 7058	52	69.546	13 3895	53	68.417	13 0715	54	67.233	12 7512

— 14 —

NATURE DES TABLES ET TARIFS.	TEMPS ÉCOULÉ depuis l'accident.	ÂGE AU MOMENT DE L'ACCIDENT.										
		40 ans.			41 ans.			42 ans.			43 ans.		
		Âge actuel.	Table de mortalité.	Prix d'une rente viagère de 1 franc.	Âge actuel.	Table de mortalité.	Prix d'une rente viagère de 1 franc.	Âge actuel.	Table de mortalité.	Prix d'une rente viagère de 1 franc.	Âge actuel.	Table de mortalité.	Prix d'une rente viagère de 1 franc.
	ans.	ans.			ans.			ans.			ans.		
Table et tarif applicables pendant les quinze premières années d'invalidité........	0	40	131.145	11^{f}0991	44	130.618	10^{f}8957	42	130.059	10^{f}6894	43	129.482	10^{f}4794
	1	41	110.690	12 5091	42	110.010	12 2868	43	109.305	12 0600	44	108.583	11 8282
	2	42	98.599	13 4653	43	97.862	13 2253	44	97.101	12 9799	45	96.325	12 7281
	3	43	90.864	14 0732	44	90.100	13 8169	45	89.314	13 5543	46	88.508	13 2853
	4	44	85.608	14 4224	45	84.829	14 1510	46	84.022	13 8737	47	83.187	13 5005
	5	45	81.856	14 5818	46	81.059	14 2974	47	80.227	14 0079	48	79.356	13 7140
	6	46	79.054	14 6028	47	78.232	14 3077	48	77.365	14 0091	49	76.450	13 7075
	7	47	76.867	14 5231	48	76.009	14 2203	49	75.098	13 9152	50	74.131	13 6084
	8	48	75.079	14 3709	49	74.176	14 0626	50	73.213	13 7533	51	72.189	13 4432
	9	49	73.549	14 1663	50	72.592	13 8547	51	71.572	13 5427	52	70.491	13 2297
	10	50	72.179	13 9242	51	71.163	13 6107	52	70.086	13 2962	53	68.951	12 9802
	11	51	70.902	13 6553	52	69.827	13 3400	53	68.695	13 0230	54	67.508	12 7037
	12	52	69.672	13 3669	53	68.542	13 0493	54	67.356	12 7296	55	66.121	12 4063
	13	53	68.460	13 0637	54	67.276	12 7435	55	66.041	12 4201	56	64.759	12 0925
	14	54	67.241	12 7498	55	66.007	12 4261	56	64.725	12 0984	57	63.395	11 7665
Table C. R. Tarif 3 1/2 c/o C. R.	15	55	65.999	12 4276	56	64.717	12 0999	57	63.387	11 7680	58	62.007	11 4319

NATURE DES TABLES ET TARIFS.	TEMPS écoulé depuis l'accident.	ÂGE AU MOMENT DE L'ACCIDENT.											
		44 ans.			45 ans.			46 ans.			47 ans.		
		Âge actuel.	Table de mortalité.	Prix d'une rente viagère de 1 franc.	Âge actuel.	Table de mortalité.	Prix d'une rente viagère de 1 franc.	Âge actuel.	Table de mortalité.	Prix d'une rente viagère de 1 franc.	Âge actuel.	Table de mortalité.	Prix d'une rente viagère de 1 franc.
	ans.	ans.			ans			ans.			ans.		
Table et tarif applicables pendant les quinze premières années d'invalidité.	0	44	128.876	10f 2659	45	128.253	10f 0482	46	127.597	9f 8270	47	126.886	9f 6034
	1	45	107.836	11 5913	46	107.063	11 3497	47	106.249	11 1044	48	105.370	10 8571
	2	46	95.519	12 4711	47	94.678	12 2096	48	93.786	11 9451	49	92.824	11 6795
	3	47	87.663	13 0117	48	86.774	12 7345	49	85.826	12 4554	50	84.803	12 1761
	4	48	82.304	13 3040	49	81.368	13 0151	50	80.367	12 7253	51	79.290	12 4358
	5	49	78.429	13 4180	50	77.442	13 1208	51	76.388	12 8232	52	75.261	12 5257
	6	50	75.472	13 4050	51	74.431	13 1019	52	73.325	12 7980	53	72.153	12 4934
	7	51	73.098	13 3014	52	72.003	12 9936	53	70.849	12 6840	54	69.633	12 3729
	8	52	71.101	13 1324	53	69.956	12 8199	54	68.754	12 5053	55	67.497	12 1878
	9	53	69.351	12 9152	54	68.157	12 5982	55	66.911	12 2781	56	65.613	11 9545
	10	54	67.760	12 6620	55	66.520	12 3403	56	65.231	12 0146	57	63.890	11 6853
	11	55	66.270	12 3812	56	64.985	12 0545	57	63.651	11 7237	58	62.264	11 3892
	12	56	64.837	12 0791	57	63.506	11 7476	58	62.124	11 4120	59	60.690	11 0725
	13	57	63.428	11 7608	58	62.048	11 4248	59	60.617	11 0846	60	59.131	10 7408
	14	58	62.015	11 4305	59	60.585	11 0901	60	59.101	10 7459	61	57.559	10 3983
Table C. R. Tarif 3 1/2 o/o C. R.	15	59	60.577	11 0915	60	59.093	10 7472	61	57.552	10 3995	62	55.951	10 0486

NATURE DES TABLES ET TARIFS.	TEMPS ÉCOULÉ depuis l'accident.	ÂGE AU MOMENT DE L'ACCIDENT.											
		48 ans.			49 ans.			50 ans.			51 ans.		
		Âge actuel.	Table de mortalité.	Prix d'une rente viagère de 1 franc.	Âge actuel.	Table de mortalité.	Prix d'une rente viagère de 1 franc.	Âge actuel.	Table de mortalité.	Prix d'une rente viagère de 1 franc.	Âge actuel.	Table de mortalité.	Prix d'une rente viagère de 1 franc.
	ans.	ans.			ans.			ans.			aud.		
Table et tarif applicables pendant les quinze premières années d'invalidité.........	0	48	126.123	9f 3778	49	125.263	9f 1524	50	124.313	8f 9272	51	123.248	8f 7032
	1	49	104.431	10 6083	50	103.397	10 3600	51	102.280	10 1120	52	101.066	9 8647
	2	50	91.797	11 4129	51	90.680	11 1471	52	89.489	10 8811	53	88.218	10 6147
	3	51	83.715	11 8961	52	82.545	11 6165	53	81.312	11 3355	54	80.008	11 0534
	4	52	78.153	12 1451	53	76.942	11 8540	54	75.675	11 5606	55	74.347	11 264
	5	53	74.081	12 2258	54	72.833	11 9249	55	71.536	11 6405	56	70.183	11 3129
	6	54	70.931	12 1857	55	69.649	11 8758	56	68.321	11 5616	57	66.939	11 2438
	7	55	68.372	12 0578	56	67.055	11 7397	57	65.693	11 4169	58	64.276	11 0906
	8	56	66.197	11 8657	57	64.843	11 5401	58	63.441	11 2101	59	61.986	10 8761
	9	57	64.272	11 6260	58	62.876	11 2940	59	61.432	10 9573	60	59.932	10 6171
	10	58	62.504	11 3511	59	61.064	11 0132	60	59.572	10 6710	61	58.021	10 3257
	11	59	60.831	11 0497	60	59.341	10 7068	61	57.796	10 3601	62	56.190	10 0105
	12	60	59.205	10 7286	61	57.661	10 3815	62	56.058	10 0311	63	54.390	9 6784
	13	61	57.590	10 3931	62	55.988	10 0421	63	54.321	9 6894	64	52.584	9 3351
	14	62	55.958	10 0474	63	54.292	9 6942	64	52.555	9 3399	65	50.743	8 9851
Table C. R. Tarif 3 1/2 o/o C. R.	15	63	54.285	9 6954	64	52.548	9 3410	65	50.736	8 9863	66	48.842	8 6328

NATURE DES TABLES ET TARIFS.	TEMPS ÉCOULÉ depuis l'accident.	ÂGE AU MOMENT DE L'ACCIDENT.											
		52 ans.			53 ans.			54 ans.			55 ans.		
		Âge actuel.	Table de mortalité.	Prix d'une rente viagère de 1 franc.	Âge actuel.	Table de mortalité.	Prix d'une rente viagère de 1 franc.	Âge actuel.	Table de mortalité.	Prix d'une rente viagère de 1 franc.	Âge actuel.	Table de mortalité.	Prix d'une rente viagère de 1 franc.
	ans.	ans.			ans.			ans.			ans.		
Table et tarif applicables pendant les quinze premières années d'invalidité.........	0	52	122.067	8f 4807	53	120.780	8f 2587	54	119.384	8f 0372	55	117.895	7f 8153
	1	53	99.763	9 6175	54	98.376	9 3698	55	96.908	9 1209	56	95.368	8 8703
	2	54	86.873	10 3473	55	85.461	10 0780	56	83.982	9 8063	57	82.440	9 5320
	3	55	78.643	10 7689	56	77.220	10 4814	57	75.736	10 1909	58	74.192	9 8974
	4	56	72.964	10 9658	57	71.527	10 6631	58	70.030	10 3574	59	68.478	10 0478
	5	57	68.778	11 0015	58	67.319	10 6864	59	65.802	10 3678	60	64.229	10 0454
	6	58	65.505	10 9221	59	64.018	10 5964	60	62.471	10 2675	61	60.866	9 9350
	7	59	62.808	10 7600	60	61.284	10 4257	61	59.699	10 0884	62	58.053	9 7479
	8	60	60.476	10 5383	61	58.908	10 1971	62	57.277	9 8531	63	55.581	9 5066
	9	61	58.374	10 2734	62	56.755	9 9267	63	55.070	9 5777	64	53.313	9 2276
	10	62	56.410	9 9771	63	54.733	9 6264	64	52.984	9 2745	65	51.160	8 9223
	11	63	54.518	9 6586	64	52.775	9 3055	65	50.956	8 9521	66	49.056	8 5998
	12	64	52.650	9 3246	65	50.835	8 9705	66	48.938	8 6176	67	46.954	8 2674
	13	65	50.770	8 9807	66	48.875	8 6275	67	46.893	8 2769	68	44.825	7 9298
	14	66	48.848	8 6318	67	46.867	8 2811	68	44.800	7 9338	69	42.648	7 5909
Table C. R. Tarif 3 1/2 o/o C. R.	15	67	46.861	8 2821	68	44.794	7 9348	69	42.642	7 5919	70	40.407	7 2545

NATURE DES TABLES ET TARIFS.	TEMPS ÉCOULÉ depuis l'accident.	ÂGE AU MOMENT DE L'ACCIDENT.										
		56 ans.			57 ans.			58 ans.			59 ans.		
		Âge actuel.	Table de mortalité.	Prix d'une rente viagère de 1 franc.	Âge actuel.	Table de mortalité.	Prix d'une rente viagère de 1 franc.	Âge actuel.	Table de mortalité.	Prix d'une rente viagère de 1 franc.	Âge actuel.	Table de mortalité.	Prix d'une rente viagère de 1 franc.
	ans.	ans.			ans.			ans.			ans.		
Table et tarif applicables pendant les quinze premières années d'invalidité.........	0	56	116.314	7f 5925	57	114.635	7f 3689	58	112.867	7f 1442	59	110.998	6f 9185
	1	57	93.754	8 6177	58	92.057	8 3633	59	90.289	8 1067	60	88.433	7 8485
	2	58	80.832	9 2550	59	79.152	8 9755	60	77.405	8 6933	61	75.579	8 4091
	3	59	72.589	9 6004	60	70.916	9 3007	61	69.178	8 9982	62	67.365	8 6936
	4	60	66.865	9 7350	61	65.184	9 4194	62	63.438	9 1010	63	61.616	8 7810
	5	61	62.594	9 7200	62	60.890	9 3920	63	59.119	9 0618	64	57.269	8 7306
	6	62	59.198	9 5996	63	57.458	9 2623	64	55.646	8 9237	65	53.753	8 5850
	7	63	56.340	9 4052	64	54.551	9 0615	65	52.687	8 7173	66	50.736	8 3746
	8	64	53.812	9 1591	65	51.964	8 8114	66	50.035	8 4646	67	48.015	8 1208
	9	65	51.481	8 8770	66	49.563	8 5279	67	47.559	8 1814	68	45.467	7 8383
	10	66	49.254	8 5711	67	47.258	8 2230	68	45.177	7 8781	69	43.010	7 5376
	11	67	47.068	8 2504	68	44.992	7 9045	69	42.833	7 5628	70	40.590	7 2266
	12	68	44.884	7 9206	69	42.727	7 5785	70	40.489	7 2416	71	38.174	6 9110
	13	69	42.672	7 5870	70	40.435	7 2500	71	38.123	6 9189	72	35.744	6 5947
	14	70	40.413	7 2535	71	38.101	6 9225	72	35.723	6 5981	73	33.287	6 2817
Table C. R. Tarif 3 1/2 o/o C. R.	15	71	38.096	6 9233	72	35.718	6 5990	73	33.282	6 2826	74	30.799	5 9755

NATURE DES TABLES ET TARIFS.	TEMPS ÉCOULÉ depuis l'accident.	ÂGE AU MOMENT DE L'ACCIDENT.											
		60 ans.			61 ans.			62 ans.			63 ans.		
		Âge actuel.	Table de mortalité.	Prix d'une rente viagère de 1 franc.	Âge actuel.	Table de mortalité.	Prix d'une rente viagère de 1 franc.	Âge actuel.	Table de mortalité.	Prix d'une rente viagère de 1 franc.	Âge actuel.	Table de mortalité.	Prix d'une rente viagère de 1 franc.
	ans.	ans.			ans.			ans.			ans.		
	0	60	109.022	6f 6921	61	106.933	6f 4649	62	104.735	6f 2372	63	102.402	6f 0094
	1	61	86.487	7 5888	62	84.446	7 3278	63	82.309	7 0658	64	80.055	6 8039
	2	62	73.671	8 1230	63	71.674	7 8357	64	69.586	7 5477	65	67.391	7 2601
	3	63	65.471	8 3875	64	63.489	8 0806	65	61.420	7 7734	66	59.245	7 4679
Table et tarif applicables pendant les quinze premières années d'invalidité..........	4	64	59.712	8 4602	65	57.721	8 1391	66	55.639	7 8192	67	53.453	7 5022
	5	65	55.336	8 3994	66	53.312	8 0694	67	51.195	7 7419	68	48.980	7 4179
	6	66	51.773	8 2475	67	49.698	7 9129	68	47.535	7 5812	69	45.278	7 2541
	7	67	48.695	8 0344	68	46.562	7 6978	69	44.343	7 3652	70	42.035	7 0383
	8	68	45.908	7 7802	69	43.711	7 4442	70	41.431	7 1134	71	39.071	6 7888
	9	69	43.289	7 4994	70	41.025	7 1663	71	38.685	6 8391	72	36.276	6 5187
	10	70	40.759	7 2025	71	38.430	6 8738	72	36.035	6 5517	73	33.581	6 2374
	11	71	38.270	6 8966	72	35.882	6 5736	73	33.437	6 2583	74	30.944	5 9524
	12	72	35.792	6 5871	73	33.351	6 2714	74	30.864	5 9648	75	28.348	5 6680
	13	73	33.306	6 2785	74	30.821	5 9718	75	28.309	5 6745	76	25.788	5 3878
	14	74	30.803	5 9748	75	28.292	5 6775	76	25.773	5 3905	77	23.268	5 1146
Table C. R. Tarif 3 1/2 p. o/o C.R.	15	75	28.288	5 6782	76	25.769	5 3913	77	23.265	5 1152	78	20.802	4 8502

NATURE DES TABLES ET TARIFS.	TEMPS ÉCOULÉ depuis l'accident.	ÂGE AU MOMENT DE L'ACCIDENT.										
		64 ans.			65 ans.			66 ans.			67 ans.		
		Âge actuel.	Table de mortalité.	Prix d'une rente viagère de 1 franc.	Âge actuel.	Table de mortalité.	Prix d'une rente viagère de 1 franc.	Âge actuel.	Table de mortalité.	Prix d'une rente viagère de 1 franc.	Âge actuel.	Table de mortalité.	Prix d'une rente viagère de 1 franc.
	ans.	ans.			ans.			ans.			ans.		
Table et tarif applicables pendant les quinze premières années d'invalidité.........	0	64	99.928	5f 7822	65	97.305	5f 5559	66	94.505	5f 3314	67	91.530	5f 1097
	1	65	77.682	6 5426	66	75.178	6 2828	67	72.526	6 0258	68	69.738	5 7717
	2	66	65.085	6 9740	67	62.658	6 6905	68	60.107	6 4101	69	57.441	6 1334
	3	67	56.963	7 1650	68	54.574	6 8652	69	52.074	6 5694	70	49.473	6 2785
	4	68	51.168	7 1884	69	48.785	6 8785	70	46.300	6 5739	71	43.730	6 2747
	5	69	46.672	7 0980	70	44.272	6 7832	71	41.784	6 4744	72	39.224	6 1718
	6	70	42.933	6 9322	71	40.506	6 6162	72	38.004	6 3069	73	35.443	6 0049
	7	71	39.649	6 7171	72	37.192	6 4056	73	34.671	6 0961	74	32.104	5 7983
	8	72	36.643	6 4708	73	34.155	6 1606	74	31.616	5 8597	75	29.051	5 5680
	9	73	33.808	6 2062	74	31.293	5 9027	75	28.746	5 6092	76	26.194	5 3255
	10	74	31.079	5 9326	75	28.549	5 6373	76	26.009	5 3595	77	23.486	5 0782
	11	75	28.423	5 6562	76	25.894	5 3702	77	23.379	5 0952	78	20.906	4 8311
	12	76	25.825	5 3814	77	23.316	5 1059	78	20.848	4 8413	79	18.451	4 5870
	13	77	23.283	5 1118	78	20.818	4 8476	79	18.423	4 5925	80	16.122	4 3489
	14	78	20.805	4 8495	79	18.412	4 5948	80	16.111	4 3514	81	13.999	4 1186
Table C. R. Tarif 3 1/2 p. o/o C. R.	15	79	18.409	4 5955	80	16.109	4 3519	81	13.927	4 1191	82	11.883	3 8979

NATURE DES TABLES ET TARIFS.	TEMPS ÉCOULÉ depuis l'accident.	ÂGE AU MOMENT DE L'ACCIDENT.								
		68 ans.			69 ans.			70 ans.		
		Âge actuel.	Table de mortalité.	Prix d'une rente viagère de 1 franc.	Âge actuel.	Table de mortalité.	Prix d'une rente viagère de 1 franc.	Âge actuel.	Table de mortalité.	Prix d'une rente viagère de 1 franc.
	ans.	ans.			ans.			ans.		
	0	68	88.353	4ᶠ 8911	69	84.991	4ᶠ 6761	70	81.415	4ᶠ 4654
	1	69	66.794	5 5215	70	63.710	5 2757	71	60.476	5 0349
	2	70	54.646	5 8617	71	51.743	5 5951	72	48.728	5 3343
	3	71	46.766	5 9932	72	43.974	5 7137	73	41.096	5 4413
	4	72	41.073	5 9820	73	38.348	5 6963	74	35.557	5 4193
Table et tarif applicables pendant les premières années d'invalidité	5	73	36.593	5 8768	74	33.909	5 5905	75	31.186	5 3133
	6	74	32.825	5 7120	75	30.177	5 4284	76	27.514	5 1548
	7	75	29.502	5 5102	76	26.892	5 2320	77	24.292	4 9647
	8	76	26.472	5 2871	77	23.910	5 0164	78	21.386	4 7568
	9	77	23.653	5 0530	78	21.155	4 7912	79	18.725	4 5398
	10	78	21.002	4 8151	79	18.589	4 5623	80	16.268	4 3205
	11	79	18.502	4 5775	80	16.192	4 3347	81	13.999	4 1030
	12	80	16.146	4 3438	81	13.960	4 1114	82	11.911	3 8907
	13	81	13.938	4 1164	82	11.893	3 8952	83	10.003	3 6866
	14	82	11.825	3 8974	83	9.997	3 6884	84	8.276	3 4943
Table C. R. Tarif 3 1/2 p. o/o C. R	15	83	9.995	3 6891	84	8.275	3 4947	85	6.737	3 3151

TABLEAU N° 4.

TARIF AUXILIAIRE POUR L'ÉVALUATION D'UNE RENTE VIAGÈRE REPOSANT SUR LA TÊTE D'UNE VICTIME D'ACCIDENT AYANT ENTRAÎNÉ L'INCAPACITÉ ABSOLUE ET PERMANENTE DE TRAVAIL ET RÉVERSIBLE SUR LA TÊTE DU CONJOINT.

(Tables de mortalité C. R. et C. R. I. [1]. — Taux 3 1/2 p. o/o.)

[1] Table de mortalité de la (C) Caisse des (R) retraites pour les (I) invalides.

NATURE DES TARIFS.	TEMPS ÉCOULÉ depuis l'accident.	ÂGE actuel de l'invalide.	ÂGE DE L'INVALIDE AU MOMENT DE L'ACCIDENT : 20 ANS. DIFFÉRENCES D'ÀGES.							
			+ 10 ans.		+ 5 ans.		0.		— 5 ans.	
			Âge actuel du conjoint.	Complément du prix d'une rente réversible de 1 franc.	Âge actuel du conjoint.	Complément du prix d'une rente réversible de 1 franc.	Âge actuel du conjoint.	Complément du prix d'une rente réversible de 1 franc.	Âge actuel du conjoint.	Complément du prix d'une rente réversible de 1 franc.
	ans.	ans.			ans.		ans.		ans.	
Tarif applicable pendant les quinze premières années d'invalidité........	0	20	"	"	15	$9^f 7754$	20	$9^f 3122$	25	$8^f 8620$
	1	21	"	"	16	7 9473	21	7 5228	26	7 0897
	2	22	"	"	17	6 5946	22	6 1931	27	5 7690
	3	23	"	"	18	5 6098	23	5 2193	28	4 7987
	4	24	"	"	19	4 9012	24	4 5124	29	4 0921
	5	25	"	"	20	4 3956	25	4 0022	30	3 5795
	6	26	"	"	21	4 0393	26	3 6367	31	3 2096
	7	27	"	"	22	3 7930	27	3 3780	32	2 9447
	8	28	"	"	23	3 6273	28	3 1977	33	2 7565
	9	29	"	"	24	3 5197	29	3 0747	34	2 6239
	10	30	"	"	25	3 4548	30	2 9936	35	2 5318
	11	31	"	"	26	3 4208	31	2 9433	36	2 4690
	12	32	"	"	27	3 4093	32	2 9154	37	2 4277
	13	33	"	"	28	3 4143	33	2 9037	38	2 4019
	14	34	"	"	29	3 4313	34	2 9034	39	2 3870
Tarif 3 1/2 p. o/o C. R. [1]	15	35	"	"	30	3 4558	35	2 9099	40	2 3788

[1] A partir de la seizième année d'invalidité, le tarif 3 1/2 p. 100 C. R. devient applicable (Tableau n° V).

NATURE DES TARIFS.	TEMPS ÉCOULÉ depuis l'accident.	Âge actuel de l'invalide.	ÂGE DE L'INVALIDE AU MOMENT DE L'ACCIDENT : 21 ANS.							
			DIFFÉRENCES D'ÂGES.							
			+10 ans.		+5 ans.		0.		−5 ans.	
			Âge actuel du conjoint.	Complément du prix d'une rente réversible de 1 franc.	Âge actuel du conjoint.	Complément du prix d'une rente réversible de 1 franc.	Âge actuel du conjoint.	Complément du prix d'une rente réversible de 1 franc.	Âge actuel du conjoint.	Complément du prix d'une rente réversible de 1 franc.
	ans.	ans.	ans.		ans.		ans.		ans.	
Tarif applicable pendant les quinze premières années d'invalidité.........	0	21	»	»	16	9^f 6273	21	9^f 1723	26	8^f 7041
	1	22	»	»	17	7 8419	22	7 4188	27	6 9658
	2	23	»	»	18	6 5216	23	6 1158	28	5 6719
	3	24	»	»	19	5 5629	24	5 1629	29	4 7241
	4	25	»	»	20	4 8740	25	4 4722	30	4 0350
	5	26	»	»	21	4 3840	26	2 9749	31	3 5367
	6	27	»	»	22	4 0399	27	3 6198	32	3 1781
	7	28	»	»	23	3 8024	28	3 3689	33	2 9215
	8	29	»	»	24	3 6420	29	3 1940	34	2 7386
	9	30	»	»	25	3 5379	30	3 0746	35	2 6096
	10	31	»	»	26	3 4750	31	2 9961	36	2 5197
	11	32	»	»	27	3 4425	32	2 9476	37	2 4586
	12	33	»	»	28	3 4324	33	2 9212	38	2 4186
	13	34	»	»	29	3 4392	34	2 9110	39	2 3943
	14	35	»	»	30	3 4576	35	2 9117	40	2 3805
Tarif 3 1/2 p. o/o C. R.	15	36	»	»	31	3 4838	36	2 9195	41	2 3736

— 25 —

NATURE DES TARIFS.	TEMPS ÉCOULÉ depuis l'accident.	Âge actuel de l'invalide.	ÂGE DE L'INVALIDE AU MOMENT DE L'ACCIDENT : 22 ANS.							
			DIFFÉRENCES D'ÂGES.							
			+10 ans.		+5 ans.		0.		— 5 ans.	
			Âge actuel du conjoint.	Complément du prix d'une rente réversible de 1 franc.	Âge actuel du conjoint.	Complément du prix d'une rente réversible de 1 franc.	Âge actuel du conjoint.	Complément du prix d'une rente réversible de 1 franc.	Âge actuel du conjoint.	Complément du prix d'une rente réversible de 1 franc.
	ans.	ans.	ans.		ans.		ans.		ans.	
Tarif applicable pendant les quinze premières années d'invalidité.........	0	22	"	"	17	9^f 4830	22	9^f 0319	27	8^f 5415
	1	23	"	"	18	7 7404	23	7 3143	28	6 8394
	2	24	"	"	19	6 4544	24	6 0395	29	5 5758
	3	25	"	"	20	5 5214	25	5 1083	30	4 6516
	4	26	"	"	21	4 8524	26	4 4345	31	3 9811
	5	27	"	"	22	4 3776	27	3 9506	32	3 4973
	6	28	"	"	23	4 0446	28	3 6056	33	3 1495
	7	29	"	"	24	3 8139	29	3 3617	34	2 8999
	8	30	"	"	25	3 6579	30	3 1915	35	2 7217
	9	31	"	"	26	3 5567	31	3 0755	36	2 5957
	10	32	"	"	27	3 4956	32	2 9992	37	2 5080
	11	33	"	"	28	3 4647	33	2 9525	38	2 4485
	12	34	"	"	29	3 4567	34	2 9280	39	2 4105
	13	35	"	"	30	3 4652	35	2 9191	40	2 3876
	14	36	"	"	31	3 4856	36	2 9212	41	2 3752
Tarif 3 1/2 p. o/o C. R.	15	37	"	"	32	3 5128	37	2 9295	42	2 3687

NATURE DES TARIFS.	TEMPS ÉCOULÉ depuis l'accident.	ÂGE actuel de l'invalide.	ÂGE DE L'INVALIDE AU MOMENT DE L'ACCIDENT : 23 ANS.							
			DIFFÉRENCES D'ÂGES.							
			+10 ans.		+5 ans.		0.		−5 ans.	
			Âge actuel du conjoint.	Complément du prix d'une rente réversible de 1 franc.	Âge actuel du conjoint.	Complément du prix d'une rente réversible de 1 franc.	Âge actuel du conjoint.	Complément du prix d'une rente réversible de 1 franc.	Âge actuel du conjoint.	Complément du prix d'une rente réversible de 1 franc.
	ans.	ans.			ans.		ans.		ans. .	
Tarif applicable pendant les quinze premières années d'invalidité.........	0	23	"	"	18	9^f 3435	23	8^f 8991	28	8^f 3761
	1	24	"	"	19	7 6453	24	7 2105	29	6 7139
	2	25	"	"	20	6 3931	25	5 9647	30	5 4817
	3	26	"	"	21	5 4858	26	5 0560	31	4 5821
	4	27	"	"	22	4 8361	27	4 3996	32	3 9306
	5	28	"	"	23	4 3752	28	3 9288	33	3 4607
	6	29	"	"	24	4 0509	29	3 5928	34	3 1221
	7	30	"	"	25	3 8262	30	3 3553·	35	2 8789
	8	31	"	"	26	3 6740	31	3 1895	36	2 7049
	9	32	"	"	27	3 5753	32	3 0766	37	2 5819
	10	33	"	"	28	3 5167	33	3 0029	38	2 4966
	11	34	"	"	29	3 4883	34	2 9586	39	2 4396
	12	35	"	"	30	3 4823	35	2 9356	40	2 4033
	13	36	"	"	31	3 4930	36	2 9284	41	2 3820
	14	37	"	"	32	3 5146	37	2 9313	42	2 3704
Tarif 3 1/2 p. o/o C. R.	15	38	"	"	33	3 .5422	38	2 9398	43	2 3638

NATURE DES TARIFS.	TEMPS ÉCOULÉ depuis l'accident.	ÂGE actuel de l'invalide.	ÂGE DE L'INVALIDE AU MOMENT DE L'ACCIDENT : 24 ANS. DIFFÉRENCES D'ÂGES.							
			+10 ans.		+5 ans.		0.		−5 ans.	
			Âge actuel du conjoint.	Complément du prix d'une rente réversible de 1 franc.	Âge actuel du conjoint.	Complément du prix d'une rente réversible de 1 franc.	Âge actuel du conjoint.	Complément du prix d'une rente réversible de 1 franc.	Âge actuel du conjoint.	Complément du prix d'une rente réversible de 1 franc.
	ans.	ans.	ans.		ans.		ans.		ans.	
Tarif applicable pendant les quinze premières années d'invalidité.........	0	24	//	//	19	9f 2109	24	8f 7504	29	8f 2110
	1	25	//	//	20	7 5561	25	7 1076	30	6 5898
	2	26	//	//	21	6 3375	26	5 8917	31	5 3904
	3	27	//	//	22	5 4555	27	5 0062	32	4 5160
	4	28	//	//	23	4 8237	28	4 3670	33	3 8828
	5	29	//	//	24	4 3745	29	3 9084	34	3 4254
	6	30	//	//	25	4 0583	30	3 5812	35	3 0956
	7	31	//	//	26	3 8389	31	3 3496	36	2 8583
	8	32	//	//	27	3 6905	32	3 1883	37	2 6887
	9	33	//	//	28	3 5950	33	3 0788	38	2 5690
	10	34	//	//	29	3 5394	34	3 0080	39	2 4867
	11	35	//	//	30	3 5135	35	2 9658	40	2 4319
	12	36	//	//	31	3 5100	36	2 9447	41	2 3976
	13	37	//	//	32	3 5219	37	2 9384	42	2 3771
	14	38	//	//	33	3 5440	38	2 9416	43	2 3655
Tarif 3 1/2 p. o/o C. R.	15	39	//	//	34	3 5713	39	2 9497	44	2 2582

NATURE DES TARIFS.	TEMPS ÉCOULÉ depuis l'accident.	ÂGE actue. de l'invalide	ÂGE DE L'INVALIDE AU MOMENT DE L'ACCIDENT : 25 ANS.							
			DIFFÉRENCES D'ÂGES.							
			+10 ans.		+5 ans.		0.		— 5 ans.	
			Âge actuel du conjoint.	Complément du prix d'une rente réversible de 1 franc.	Âge ac. x.¹ du conjoint.	Complément du prix d'une rente réversible de 1 franc.	Âge actuel du conjoint.	Complément du prix d'une rente réversible de 1 franc.	Âge actuel du conjoint.	Complément du prix d'une rente réversible de 1 franc.
	ans.	ans	ans.		ans.		ans.		ans.	
Tarif applicable pendant les quinze premières années d'invalidité........	0	25	15	9ᶠ 5687	20	9ᶠ 0847	25	8ᶠ 6100	30	8ᶠ 0473
	1	26	16	7 9269	21	7 4730	26	7 0060	31	6 4685
	2	27	17	6 7253	22	6 2871	27	5 8207	32	5 3022
	3	28	18	5 8618	23	5 4287	28	4 9583	33	4 4522
	4	29	19	5 2491	24	4 8127	29	4 3356	34	3 8360
	5	30	20	4 8201	25	4 3745	30	3 8888	35	3 3906
	6	31	21	4 5250	26	4 0656	31	3 5699	36	3 0690
	7	32	22	4 3276	27	3 8514	32	3 3443	37	2 8376
	8	33	23	4 2024	28	3 7073	33	3 1875	38	2 6726
	9	34	24	4 1306	29	3 6156	34	3 0817	39	2 5568
	10	35	25	4 0984	30	3 5631	35	3 0136	40	2 4774
	11	36	26	4 0958	31	3 5401	36	2 9738	41	2 4451
	12	37	27	4 1144	32	3 5382	37	2 9540	42	2 3920
	13	38	28	4 1480	33	3 5511	38	2 9484	43	2 3719
	14	39	29	4 1912	34	3 5731	39	2 9514	44	2 3598
Tarif 3 1/2 p.o/o C. R.	15	40	30	4 2395	35	3 5995	40	2 9589	45	2 3513

3

NATURE DES TARIFS.	TEMPS ÉCOULÉ depuis l'accident.	ÂGE actuel de l'invalide.	ÂGE DE L'INVALIDE AU MOMENT DE L'ACCIDENT : 26 ANS.							
			DIFFÉRENCES D'ÂGES.							
			+10 ans.		+5 ans.		0.		— 5 ans.	
			Âge actuel du conjoint.	Complément du prix d'une rente réversible de 1 franc.	Âge actuel du conjoint.	Complément du prix d'une rente réversible de 1 franc.	Âge actuel du conjoint.	Complément du prix d'une rente réversible de 1 franc.	Âge actuel du conjoint.	Complément du prix d'une rente réversible de 1 franc.
	ans.	ans.	ans.		ans.		ans.		ns.	
Tarif applicable pendant les quinze premières années d'invalidité.	0	26	16	9f 5233	21	9f 0444	26	8f 5487	31	7f 9617
	1	27	17	7 9051	22	7 4498	27	6 9597	32	6 4018
	2	28	18	6 7220	23	6 2771	28	5 7874	33	5 2509
	3	29	19	5 8725	24	5 4276	29	4 9352	34	4 4122
	4	30	20	5 2704	25	4 8183	30	4 3207	35	3 8047
	5	31	21	4 8491	26	4 3848	31	3 8798	36	3 3656
	6	32	22	4 5598	27	4 0796	32	3 5655	37	3 0489
	7	33	23	4 3670	28	3 8688	33	3 3438	38	2 8215
	8	34	24	4 2454	29	3 7281	34	3 1904	39	2 6602
	9	35	25	4 1763	30	3 6394	35	3 0872	40	2 5473
	10	36	26	4 1466	31	3 5897	36	3 0216	41	2 4705
	11	37	27	4 1453	32	3 5684	37	2 9831	42	2 4195
	12	38	28	4 1648	33	3 5675	38	2 9641	43	2 3868
	13	39	29	4 1984	34	3 5801	39	2 9582	44	2 3662
	14	40	30	4 2413	35	3 6013	40	2 9606	45	2 3529
Tarif 3 1/2 p. o/o C. R.	15	41	31	4 2896	36	3 6271	41	2 9674	46	2 3436

NATURE DES TARIFS.	TEMPS ÉCOULÉ depuis l'accident.	ÂGE actuel de l'invalide.	ÂGE DE L'INVALIDE AU MOMENT DE L'ACCIDENT : 27 ANS.							
			DIFFÉRENCES D'ÂGES.							
			+ 10 ans		+ 5 ans.		0.		− 5 ans.	
			Âge actuel du conjoint.	Complément du prix d'une rente réversible de 1 franc.	Âge actuel du conjoint.	Complément du prix d'une rente réversible de 1 franc.	Âge actuel du conjoint.	Complément du prix d'une rente réversible de 1 franc.	Âge actuel du conjoint.	Complément du prix d'une rente réversible de 1 franc.
	ans.	ans.	ans.		ans.		ans.		ans.	
Tarif applicable pendant les quinze premières années d'invalidité........	0	27	17	9f 4853	22	9f 0073	27	8f 4861	32	7f 8763
	1	28	18	7 8896	23	7 4287	28	6 9132	33	6 3357
	2	29	19	6 7239	24	6 2673	29	5 7541	34	5 1994
	3	30	20	5 8873	25	5 4264	30	4 9124	35	4 3722
	4	31	21	5 2947	26	'4 8235	31	4 3058	36	3 7731
	5	32	22	4 8805	27	4 3949	32	3 8711	37	3 3406
	6	33	23	4 5965	28	4 0940	33	3 5618	38	3 0291
	7	34	24	4 4080	29	3 8873	34	3 3442	39	2 8064
	8	35	25	4 2896	30	3 7501	35	3 1941	40	2 6487
	9	36	26	4 2234	31	3 6647	36	3 0939	41	2 5389
	10	37	27	4 1953	32	3 6171	37	3 0300	42	2 4638
	11	38	28	4 1951	33	3 5970	38	2 9925	43	2 4136
	12	39	29	4 2149	34	3 5961	39	2 9735	44	2 3806
	13	40	30	4 2485	35	3 6083	40	2 9672	45	2 3592
	14	41	31	4 2914	36	3 6288	41	2 9691	46	2 3452
Tarif 3 1/2 p. o/o C. R.	15	42	32	4 3399	37	3 6544	42	2 9756	47	2 3355

NATURE DES TARIFS.	TEMPS ÉCOULÉ depuis l'accident.	ÂGE actuel de l'invalide.	ÂGE DE L'INVALIDE AU MOMENT DE L'ACCIDENT : 28 ANS.							
			DIFFÉRENCES D'ÂGES.							
			+ 10 ans.		+ 5 ans.		0.		− 5 ans.	
			Âge actuel du conjoint.	Complément du prix d'une rente réversible de 1 franc.	Âge actuel du conjoint.	Complément du prix d'une rente réversible de 1 franc.	Âge actuel du conjoint.	Complément du prix d'une rente réversible de 1 franc.	Âge actuel du conjoint.	Complément du prix d'une rente réversible de 1 franc.
	ans.	ans.	ans.		ans.		ans.		ans.	
Tarif applicable pendant les quinze premières années d'invalidité........	0	28	18	9^f 4535	23	8^f 9714	28	8^f 4219	33	7^f 7902
	1	29	19	7 8791	24	7 4068	29	6 8657	34	6 2684
	2	30	20	6 7293	25	6 2565	30	5 7201	35	5 1470
	3	31	21	5 9044	26	5 4238	31	4 8887	36	4 3309
	4	32	22	5 3204	27	4 8274	32	4 2903	37	3 7406
	5	33	23	4 9128	28	4 4643	33	3 8620	38	3 3150
	6	34	24	4 6341	29	4 1088	34	3 5581	39	3 0096
	7	35	25	4 4496	30	3 9065	35	3 3449	40	2 7917
	8	36	26	4 3348	31	3 7734	36	3 1985	41	2 6379
	9	37	27	4 2706	32	3 6905	37	3 1005	42	2 5305
	10	38	28	4 2439	33	3 6445	38	3 0381	43	2 4566
	11	39	29	4 2443	34	3 6247	39	3 0010	44	2 4065
	12	40	30	4 2643	35	3 6236	40	2 9819	45	2 3730
	13	41	31	4 2981	36	3 6354	41	2 9753	46	2 3511
	14	42	32	4 3415	37	3 6559	42	2 9771	47	2 3369
Tarif 3 1/2 p. o/o C. R.	15	43	33	4 3910	38	3 6821	43	2 9838	48	2 3279

NATURE DES TARIFS.	TEMPS ÉCOULÉ depuis l'accident.	ÂGE ACTUEL de l'invalide.	ÂGE DE L'INVALIDE AU MOMENT DE L'ACCIDENT : 29 ANS. DIFFÉRENCES D'ÂGES.							
			+ 10 ans.		+ 5 ans.		0.		— 5 ans.	
			Âge actuel du conjoint.	Complément du prix d'une rente réversible de 1 franc.	Âge actuel du conjoint.	Complément du prix d'une rente réversible de 1 franc.	Âge actuel du conjoint.	Complément du prix d'une rente réversible de 1 franc.	Âge actuel du conjoint.	Complément du prix d'une rente réversible de 1 franc.
	ans.	ans.	ans.		ans.		ans.		ans.	
	0	29	19	9^f 4271	24	8^f 9341	29	8^f 3561	34	7^f 7024
	1	30	20	7 8724	25	7 3835	30	6 8172	35	6 1997
	2	31	21	6 7374	26	6 2441	31	5 6854	36	5 0933
	3	32	22	5 9236	27	5 4203	32	4 8649	37	4 2891
	4	33	23	5 3479	28	4 8311	33	4 2750	38	3 7081
Tarif applicable pendant les quinze premières années d'invalidité..........	5	34	24	4 9468	29	4 4149	34	3 8538	39	3 2904
	6	35	25	4 6730	30	4 1249	35	3 5554	40	2 9911
	7	36	26	4 4927	31	3 9275	36	3 3468	41	2 7782
	8	37	27	4 3805	32	3 7976	37	3 2034	42	2 6276
	9	38	28	4 3184	33	3 7170	38	3 1076	43	2 5221
	10	39	29	4 2928	34	3 6719	39	3 0461	44	2 4490
	11	40	30	4 2936	35	3 6521	40	3 0092	45	2 3986
	12	41	31	4 3139	36	3 6507	41	2 9900	46	2 3648
	13	42	32	4 3484	37	3 6626	42	2 9834	47	2 3429
	14	43	33	4 3926	38	3 6837	43	2 9853	48	2 3293
Tarif 3 1/2 p. o/o C.R.	15	44	34	4 4428	39	3 7105	44	2 9921	49	2 3211

NATURE DES TARIFS.	TEMPS ÉCOULÉ depuis l'accident.	ÂGE ACTUEL de l'invalide.	ÂGE DE L'INVALIDE AU MOMENT DE L'ACCIDENT : 30 ANS.							
			DIFFÉRENCES D'ÂGES.							
			+ 10 ans.		+ 5 ans.		0.		— 5 ans.	
			Âge actuel du conjoint.	Complément du prix d'une rente réversible de 1 franc.	Âge actuel du conjoint.	Complément du prix d'une rente réversible de 1 franc.	Âge actuel du conjoint.	Complément du prix d'une rente réversible de 1 franc.	Âge actuel du conjoint.	Complément du prix d'une rente réversible de 1 franc.
	ans.	ans.	ans.		ans.		ans.		ans.	
	0	30	20	9^f 4048	25	8^f 8946	30	8^f 2888	35	7^f 6126
	1	31	21	7 8688	26	7 3583	31	6 7678	36	6 1296
	2	32	22	6 7477	27	6 2304	32	5 6503	37	5 0388
	3	33	23	5 9443	28	5 4163	33	4 8411	38	4 2471
	4	34	24	5 3767	29	4 8359	34	4 2603	39	3 6764
Tarif applicable pendant les quinze premières années d'invalidité.........	5	35	25	4 9818	30	4 4267	35	3 8463	40	3 2667
	6	36	26	4 7132	31	4 1426	36	3 5537	41	2 9738
	7	37	27	4 5363	32	3 9494	37	3 3492	42	2 7651
	8	38	28	4 4267	33	3 8224	38	3 2086	43	2 6172
	9	39	29	4 3661	34	3 7432	39	3 1143	44	2 5131
	10	40	30	4 3413	35	3 6984	40	3 0535	45	2 4401
	11	41	31	4 3430	36	3 6789	41	3 0169	46	2 3900
	12	42	32	4 3641	37	3 6778	42	2 9979	47	2 3564
	13	43	33	4 3994	38	3 6902	43	2 9915	48	2 3351
	14	44	34	4 4444	39	3 7120	44	2 9936	49	2 3224
Tarif 3 1/2 p. o/o C.R.	15	45	35	4 4956	40	3 7399	45	3 0007	50	2 3155

NATURE DES TARIFS.	TEMPS ÉCOULÉ depuis l'accident.	ÂGE ACTUEL de l'invalide.	ÂGE DE L'INVALIDE AU MOMENT DE L'ACCIDENT : 31 ANS.							
			DIFFÉRENCES D'ÂGES.							
			+10 ans.		+5 ans.		0.		−5 ans.	
			Âge actuel du conjoint.	Complément du prix d'une rente réversible de 1 franc.	Âge actuel du conjoint.	Complément du prix d'une rente réversible de 1 franc.	Âge actuel du conjoint.	Complément du prix d'une rente réversible de 1 franc.	Âge actuel du conjoint.	Complément du prix d'une rente réversible de 1 franc.
	ans.	ans.	ans.		ans.		ans.		ans.	
Tarif applicable pendant les quinze premières années d'invalidité.........	0	31	21	9^f 3847	26	8^f 8516	31	8^f 2192	36	7^f 5199
	1	32	22	7 8663	27	7 3303	32	6 7168	37	6 0574
	2	33	23	6 7586	28	6 2152	33	5 6142	38	4 9833
	3	34	24	5 9655	29	5 4124	34	4 8170	39	4 2051
	4	35	25	5 4059	30	4 8410	35	4 2456	40	3 6450
	5	36	26	5 0174	31	4 4394	36	3 8392	41	3 2435
	6	37	27	4 7533	32	4 1607	37	3 5520	42	2 9563
	7	38	28	4 5798	33	3 9714	38	3 3513	43	2 7515
	8	39	29	4 4724	34	3 8464	39	3 2131	44	2 6058
	9	40	30	4 4132	35	3 7682	40	3 1201	45	2 5025
	10	41	31	4 3895	36	3 7239	41	3 0599	46	2 4302
	11	42	32	4 3922	37	3 7049	42	3 0238	47	2 3806
	12	43	33	4 4146	38	3 7050	43	3 0055	48	2 3482
	13	44	34	4 4510	39	3 7183	44	2 9996	49	2 3280
	14	45	35	4 4972	40	3 7414	45	3 0021	50	2 3168
Tarif 3 1/2 p. o/o C.R.	15	46	36	4 5484	41	3 7694	46	3 0090	51	2 3196

NATURE DES TARIFS.	TEMPS écoulé depuis l'accident.	ÂGE ACTUEL de l'invalide.	ÂGE DE L'INVALIDE AU MOMENT DE L'ACCIDENT : 32 ANS.							
			DIFFÉRENCES D'ÂGES.							
			+10 ans.		+5 ans.		0.		—5 ans.	
			Âge actuel du conjoint.	Complément du prix d'une rente réversible de 1 franc.	Âge actuel du conjoint.	Complément du prix d'une rente réversible de 1 franc.	Âge actuel du conjoint.	Complément du prix d'une rente réversible de 1 franc.	Âge actuel du conjoint.	Complément du prix d'une rente réversible de 1 franc.
	ans.	ans.	ans.		ans.		ans.		ans.	
Tarif applicable pendant les quinze premières années d'invalidité..........	0	32	22	9ᶠ 3658	27	8ᶠ 8051	32	8ᶠ 1475	37	7ᶠ 4248
	1	33	23	7 8643	28	7 3002	33	6 6644	38	5 9839
	2	34	24	6 7696	29	6 1998	34	5 5775	39	4 9275
	3	35	25	5 9857	30	5 4086	35	4 7927	40	4 1632
	4	36	26	5 4353	31	4 8469	36	4 2312	41	3 6139
	5	37	27	5 0528	32	4 4524	37	3 8320	42	3 2202
	6	38	28	4 7933	33	4 1790	38	3 5502	43	2 9385
	7	39	29	4 6232	34	3 9928	39	3 3531	44	2 7371
	8	40	30	4 5178	35	3 8696	40	3 2169	45	2 5932
	9	41	31	4 4603	36	3 7925	41	3 1253	46	2 4912
	10	42	32	4 4382	37	3 7495	42	3 0662	47	2 4200
	11	43	33	4 4424	38	3 7318	43	3 0310	48	2 3719
	12	44	34	4 4660	39	3 7328	44	3 0133	49	2 3408
	13	45	35	4 5037	40	3 7476	45	3 0080	50	2 3223
	14	46	36	4 5500	41	3 7709	46	3 0104	51	2 3119
Tarif 3 1/2 p.o/o C.R.	15	47	37	4 6003	42	3 7978	47	3 0162	52	2 3054

NATURE DES TARIFS.	TEMPS ÉCOULÉ depuis l'accident.	ÂGE actuel de l'invalide.	+10 ans. Âge actuel du conjoint.	+10 ans. Complément du prix d'une rente réversible de 1 franc.	+5 ans. Âge actuel du conjoint.	+5 ans. Complément du prix d'une rente réversible de 1 franc.	0. Âge actuel du conjoint.	0. Complément du prix d'une rente réversible de 1 franc.	—5 ans. Âge actuel du conjoint.	—5 ans. Complément du prix d'une rente réversible de 1 franc.
	ans.	ans.	ans.		ans.		ans.		ans.	
	0	33	22	9f 3464	28	8f 7551	33	8f 0733	38	7f 3273
	1	34	24	7 8613	29	7 2690	34	6 6105	39	5 9093
	2	35	25	6 7798	30	6 1837	35	5 5399	40	4 8712
	3	36	26	6 0075	31	5 4051	36	4 7680	41	4 1212
	4	37	27	5 4641	32	4 8529	37	4 2163	42	3 5824
Tarif applicable pendant les quinze premières années d'invalidité.	5	38	28	5 0878	33	4 4653	38	3 8244	43	3 1962
	6	39	29	4 8327	34	4 1963	39	3 5475	44	2 9194
	7	40	30	4 6655	35	4 0128	40	3 3535	45	2 7209
	8	41	31	4 5627	36	3 8916	41	3 2196	46	2 5792
	9	42	32	4 5072	37	3 8162	42	3 1296	47	2 4791
	10	43	33	4 4871	38	3 7749	43	3 0720	48	2 4100
	11	44	34	4 4930	39	3 7589	44	3 0380	49	2 3637
	12	45	35	4 5182	40	3 7616	45	3 0213	50	2 3346
	13	46	36	4 5562	41	3 7769	46	3 0161	51	2 3171
	14	47	37	4 6018	42	3 7992	47	3 0175	52	2 3066
Tarif 3 1/2 p. o/o C. R.	15	48	38	4 6498	43	3 8234	48	3 0212	53	2 2984

NATURE DES TARIFS.	TEMPS ÉCOULÉ depuis l'accident.	ÂGE actuel de l'invalide.	ÂGE DE L'INVALIDE AU MOMENT DE L'ACCIDENT : 34 ANS. DIFFÉRENCES D'ÂGES.							
			+ 10 ans.		+ 5 ans.		0.		— 5 ans.	
			Âge actuel du conjoint.	Complément du prix d'une rente réversible de 1 franc.	Âge actuel du conjoint.	Complément du prix d'une rente réversible de 1 franc.	Âge actuel du conjoint.	Complément du prix d'une rente réversible de 1 franc.	Âge actuel du conjoint.	Complément du prix d'une rente réversible de 1 franc.
	ans.	ans.	ans.		ans.		ans.		ans.	
	0	34	24	9^f3258	29	8^f7037	34	7^f9975	39	7^f2286
	1	35	25	7 8576	30	7 2373	35	6 5559	40	5 8344
	2	36	26	6 7899	31	6 1683	36	5 5022	41	4 8152
	3	37	27	6 0281	32	5 4021	37	4 7434	42	4 0792
	4	38	28	5 4929	33	4 8591	38	4 2014	43	3 5506
	5	39	29	5 1226	34	4 4776	39	3 8163	44	3 1713
Tarif applicable pendant les quinze premières années d'invalidité.	6	40	30	4 8719	35	4 2128	40	3 5442	45	2 8991
	7	41	31	4 7082	36	4 0324	41	3 3537	46	2 7041
	8	42	32	4 6081	37	3 9137	42	3 2223	47	2 5652
	9	43	33	4 5554	38	3 8408	43	3 1345	48	2 4679
	10	44	34	4 5372	39	3 8015	44	3 0784	49	2 4010
	11	45	35	4 5449	40	3 7873	45	3 0456	50	2 3570
	12	46	36	4 5706	41	3 7906	46	3 0291	51	2 3291
	13	47	37	4 6060	42	3 8051	47	3 0231	52	2 3118
	14	48	38	4 6513	43	3 8248	48	3 0226	53	2 2997
Tarif 3 1/2 p. o/o C. R.	15	49	39	4 6956	44	3 8448	49	3 0232	54	2 2886

NATURE DES TARIFS.	TEMPS ÉCOULÉ depuis l'accident.	ÂGE actuel de l'invalide.	ÂGE DE L'INVALIDE AU MOMENT DE L'ACCIDENT : 35 ANS.							
			DIFFÉRENCES D'ÂGES.							
			+ 10 ans.		+ 5 ans.		0.		− 5 ans.	
			Âge actuel du conjoint.	Complément du prix d'une rente réversible de 1 franc.	Âge actuel du conjoint.	Complément du prix d'une rente réversible de 1 franc.	Âge actuel du conjoint.	Complément du prix d'une rente réversible de 1 franc.	Âge actuel du conjoint.	Complément du prix d'une rente réversible de 1 franc.
	ans.	ans.	ans.		ans.		ans.		ans.	
Tarif applicable pendant les quinze premières années d'invalidité.	0	35	25	9f 3029	30	8f 6506	35	7f 9195	40	7f 1284
	1	36	26	7 8523	31	7 2059	36	6 4999	41	5 7588
	2	37	27	6 7984	32	6 1523	38	5 4635	42	4 7582
	3	38	28	6 0475	33	5 3984	38	4 7178	43	4 0360
	4	39	29	5 5207	34	4 8640	39	4 1854	44	3 5172
	5	40	30	5 1565	35	4 4886	40	3 8072	45	3 1448
	6	41	31	4 9103	36	4 2282	41	3 5399	46	2 8776
	7	42	32	4 7507	37	4 0514	42	3 3531	47	2 6867
	8	43	33	4 6541	38	3 9360	43	3 2248	48	2 5515
	9	44	34	4 6038	39	3 8656	44	3 1391	49	2 4572
	10	45	35	4 5880	40	3 8288	45	3 0848	50	2 3932
	11	46	36	4 5967	41	3 8158	46	3 0528	51	2 3510
	12	47	37	2 6222	42	3 8187	47	3 0359	52	2 3236
	13	48	38	4 6574	43	3 8307	48	3 0281	53	2 3048
	14	49	39	4 6971	44	3 8463	49	3 0246	54	2 2898
Tarif 3 1/2 p. c/o C. R.	15	50	40	4 7365	45	3 8608	50	3 0214	55	2 2746

— 40 —

NATURE DES TARIFS.	TEMPS ÉCOULÉ depuis l'accident.	ÂGE actuel de l'invalide.	ÂGE DE L'INVALIDE AU MOMENT DE L'ACCIDENT : 36 ANS.							
			DIFFÉRENCES D'ÂGES.							
			+ 10 ans.		+ 5 ans.		0.		— 5 ans.	
			Âge actuel du conjoint.	Complément du prix d'une rente réversible de 1 franc.	Âge actuel du conjoint.	Complément du prix d'une rente réversible de 1 franc.	Âge actuel du conjoint.	Complément du prix d'une rente réversible de 1 franc.	Âge actuel du conjoint.	Complément du prix d'une rente réversible de 1 franc.
	ans.	ans.	ans.		ans.		ans.		ans.	
	0	36	26	9^f 3155	31	8^f 6334	36	7^f 8754	41	7^f 0609
	1	37	27	7 8706	32	7 1969	37	6 4666	42	5 7046
	2	38	28	6 8225	33	6 1519	38	5 4396	43	4 7147
	3	39	29	6 0770	34	5 4040	39	4 7014	44	4 0008
	4	40	30	5 5545	35	4 8743	40	4 1748	45	3 4882
Tarif applicable pendant les quinze premières années d'invalidité.	5	41	31	5 1943	36	4 5027	41	3 8011	46	3 1207
	6	42	32	4 9519	37	4 2457	42	3 5375	47	2 8578
	7	43	33	4 7953	38	4 0721	43	3 3538	48	2 6709
	8	44	34	4 7015	39	3 9597	44	3 2280	49	2 5393
	9	45	35	4 6538	40	3 8920	45	3 1445	50	2 4482
	10	46	36	4 6392	41	3 8566	46	3 0912	51	2 3864
	11	47	37	4 6477	42	3 8432	47	3 0589	52	1 3448
	12	48	38	4 6712	43	3 8439	48	3 0405	53	2 3162
	13	49	39	4 7031	44	3 8520	49	3 0300	54	2 2948
	14	50	40	4 7380	45	3 8622	50	3 0227	55	2 2758
Tarif 3 1/2 p. o/o C. R.	15	51	41	4 7720	46	3 8710	51	3 0153	56	2 2558

| NATURE DES TARIFS. | TEMPS écoulé depuis l'accident. | ÂGE actuel de l'invalide. | ÂGE DE L'INVALIDE AU MOMENT DE L'ACCIDENT : 37 ANS. DIFFÉRENCES D'ÂGES. | | | | | | | |
| | | | + 10 ans. | | + 5 ans. | | 0. | | — 5 ans. | |
			Âge actuel du conjoint.	Complément du prix d'une rente réversible de 1 franc.	Âge actuel du conjoint.	Complément du prix d'une rente réversible de 1 franc.	Âge actuel du conjoint.	Complément du prix d'une rente réversible de 1 franc.	Âge actuel du conjoint.	Complément du prix d'une rente réversible de 1 franc.
	ans.	ans.	ans.		ans.		ans.		ans.	
Tarif applicable pendant les quinze premières années d'invalidité.	0	37	27	9f 3241	32	8f 6134	37	7f 8280	42	6f 9902
	1	38	28	7 8862	33	7 1866	38	6 4311	43	5 6477
	2	39	29	6 8447	34	6 1494	39	5 4138	44	4 6687
	3	40	30	6 1049	35	5 4077	40	4 6833	45	3 9632
	4	41	31	5 5875	36	4 8830	41	4 1628	46	3 4575
	5	42	32	5 2317	37	4 5159	42	3 7940	47	3 0958
	6	43	33	4 9936	38	4 2632	43	3 5347	48	2 8382
	7	44	34	4 8404	39	4 0933	44	3 3544	49	2 6558
	8	45	35	4 7496	40	3 9841	45	3 2313	50	2 5282
	9	46	36	4 7036	41	3 9184	46	3 1494	51	2 4399
	10	47	37	4 6892	42	3 8830	47	3 0963	52	2 3791
	11	48	38	4 6962	43	3 8678	48	3 0630	53	2 3368
	12	49	39	4 7165	44	3 8649	49	3 0420	54	2 3058
	13	50	40	4 7438	45	3 8677	50	3 0279	55	2 2805
	14	51	41	4 7734	46	3 8724	51	3 0166	56	2 2570
Tarif 3 1/2 p. o/o C. R.	15	52	42	4 8018	47	3 8757	52	3 0051	57	2 2324

— 45 —

NATURE DES TARIFS.	TEMPS ÉCOULÉ depuis l'accident.	ÂGE actuel de l'invalide.	ÂGE DE L'INVALIDE AU MOMENT DE L'ACCIDENT : 38 ANS. DIFFÉRENCES D'ÂGES.							
			+ 10 ans.		+ 5 ans.		0.		— 5 ans.	
			Âge actuel du conjoint.	Complément du prix d'une rente réversible de 1 franc.	Âge actuel du conjoint.	Complément du prix d'une rente réversible de 1 franc.	Âge actuel du conjoint.	Complément du prix d'une rente réversible de 1 franc.	Âge actuel du conjoint.	Complément du prix d'une rente réversible de 1 franc.
	ans.	ans.	ans.		ans.		ans.		ans.	
Tarif applicable pendant les quinze premières années d'invalidité.........	0	38	28	9f 3290	33	8f 5907	38	7f 7774	43	6f 9159
	1	39	29	7 8993	34	7 1736	39	6 3930	44	5 5876
	2	40	30	6 8650	35	6 1444	40	5 3858	45	4 6199
	3	41	31	6 1316	36	5 4094	41	4 6635	46	3 9236
	4	42	32	5 6200	37	4 8907	42	4 1497	47	3 4257
	5	43	33	5 2697	38	4 5292	43	3 7866	48	3 0711
	6	44	34	5 0358	39	4 2813	44	3 5319	49	2 8194
	7	45	35	4 8865	40	4 1156	45	3 3552	50	2 6421
	8	46	36	4 7980	41	4 0089	46	3 2345	51	2 5180
	9	47	37	4 7526	42	3 9438	47	3 1533	52	2 4314
	10	48	38	4 7370	43	3 9069	48	3 0995	53	2 3703
	11	49	39	4 7410	44	3 8883	49	3 0639	54	2 3259
	12	50	40	4 7571	45	3 8804	50	3 0397	55	2 2914
	13	51	41	4 7791	46	3 8778	51	3 0217	56	2 2617
	14	52	42	4 8032	47	3 8771	52	3 0064	57	2 2336
Tarif 3 1/2 p. o/o C. R.	15	53	43	4 8264	48	3 8762	53	2 9912	58	2 2051

NATURE DES TARIFS.	TEMPS ÉCOULÉ depuis l'accident.	ÂGE actuel de l'invalide.	ÂGE DE L'INVALIDE AU MOMENT DE L'ACCIDENT : 39 ANS.							
			DIFFÉRENCES D'ÂGES.							
			+ 10 ans.		+ 5 ans.		0.		— 5 ans.	
			Âge actuel du conjoint.	Complément du prix d'une rente réversible de 1 franc.	Âge actuel du conjoint.	Complément du prix d'une rente réversible de 1 franc.	Âge actuel du conjoint.	Complément du prix d'une rente réversible de 1 franc.	Âge actuel du conjoint.	Complément du prix d'une rente réversible de 1 franc.
	ans.	ans.	ans.		ans.		ans.		ans.	
Tarif applicable pendant les quinze premières années d'invalidité	0	39	29	$9^f 3297$	34	$8^f 5634$	39	$7^f 7229$	44	$6^f 8369$
	1	40	30	7 9091	35	7 1567	40	6 3517	45	5 5233
	2	41	31	6 8831	36	6 1364	41	5 3554	46	4 5681
	3	42	32	6 1571	37	5 4093	42	4 6419	47	3 8824
	4	43	33	5 6522	38	4 8978	43	4 1356	48	3 3936
	5	44	34	5 3073	39	4 5442	44	3 7784	49	3 0466
	6	45	35	5 0781	40	4 2995	45	3 5285	50	2 8013
	7	46	36	4 9319	41	4 1373	46	3 3551	51	2 6287
	8	47	37	4 8449	42	4 0321	47	3 2361	52	2 5072
	9	48	38	4 7989	43	3 9661	48	3 1549	53	2 4210
	10	49	39	4 7808	44	3 9263	49	3 0994	54	2 3584
	11	50	40	4 7810	45	3 9032	50	3 0610	55	2 3108
	12	51	41	4 7919	46	3 8900	51	3 0331	56	2 2720
	13	52	42	4 8087	47	3 8823	52	3 0112	57	2 2380
	14	53	43	4 8278	48	3 8775	53	2 9925	58	2 2062
Tarif 3 1/2 p. o/o C.R.	15	54	44	4 8462	49	3 8733	54	2 9739	59	2 1742

NATURE DES TARIFS.	TEMPS ÉCOULÉ depuis l'accident.	ÂGE actuel de l'invalide.	ÂGE DE L'INVALIDE AU MOMENT DE L'ACCIDENT : 40 ANS. DIFFÉRENCES D'ÂGES.							
			+ 10 ans.		+ 5 ans.		0.		— 5 ans.	
			Âge actuel du conjoint.	Complément du prix d'une rente réversible de 1 franc.	Âge actuel du conjoint.	Complément du prix d'une rente réversible de 1 franc.	Âge actuel du conjoint.	Complément du prix d'une rente réversible de 1 franc.	Âge actuel du conjoint.	Complément du prix d'une rente réversible de 1 franc.
	ans.	ans.	ans.		ans.		ans.		ans.	
Tarif applicable pendant les quinze premières années d'invalidité	0	40	30	9f 3262	35	8f 5314	40	7f 6644	45	6f 7527
	1	41	31	7 9162	36	7 1362	41	6 3073	46	5 4555
	2	42	32	6 8994	37	6 1261	42	5 3225	47	4 5141
	3	43	33	6 1818	38	5 4081	43	4 6188	48	3 8404
	4	44	34	5 6838	39	4 9044	44	4 1204	49	3 3616
	5	45	35	5 3450	40	4 5557	45	3 7697	50	3 0229
	6	46	36	5 1201	41	4 3176	46	3 5244	51	2 7838
	7	47	37	4 9763	42	4 1578	47	3 3539	52	2 6150
	8	48	38	4 8892	43	4 0524	48	3 2355	53	2 4946
	9	49	39	4 8414	44	3 9841	49	3 1533	54	2 4076
	10	50	40	4 8199	45	3 9403	50	3 0956	55	2 3423
	11	51	41	4 8154	46	3 9123	51	3 0539	56	2 2910
	12	52	42	4 8212	47	3 8942	52	3 0223	57	2 2481
	13	53	43	4 8331	48	3 8825	53	2 9971	58	2 2105
	14	54	44	4 8475	49	3 8744	54	2 9750	59	2 1752
Tarif 3 1/2 p. o/o C.R.	15	55	45	4 8621	50	3 8682	55	2 9538	60	2 1406

TABLES DE MORTALITÉ.

NATURE DES TARIFS.	TEMPS ÉCOULÉ depuis l'accident.	ÂGE actuel de l'invalide.	ÂGE DE L'INVALIDE AU MOMENT DE L'ACCIDENT : 41 ANS.							
			DIFFÉRENCES D'ÂGES.							
			+ 10 ans.		+ 5 ans.		0.		— 5 ans.	
			Âge actuel du conjoint.	Complément du prix d'une rente réversible de 1 franc.	Âge actuel du conjoint.	Complément du prix d'une rente réversible de 1 franc.	Âge actuel du conjoint.	Complément du prix d'une rente réversible de 1 franc.	Âge actuel du conjoint.	Complément du prix d'une rente réversible de 1 franc.
	ans.	ans.	ans.		ans.		ans.		ans.	
Tarif applicable pendant les quinze premières années d'invalidité.........	0	41	31	9f 3192	36	8f 4950	41	7f 6021	46	6f 6642
	1	42	32	7 9210	37	7 1129	42	6 2600	47	5 3851
	2	43	33	6 9147	38	6 1145	43	5 2879	48	4 4593
	3	44	34	6 2059	39	5 4065	44	4 5946	49	3 7986
	4	45	35	5 7157	40	4 9114	45	4 1046	50	3 3306
	5	46	36	5 3823	41	4 5689	46	3 7603	51	2 9999
	6	47	37	5 1610	42	4 3345	47	3 5192	52	2 7661
	7	48	38	5 0182	43	4 1755	48	3 3505	53	2 5996
	8	49	39	4 9301	44	4 0686	49	3 2321	54	2 4793
	9	50	40	4 8793	45	3 9968	50	3 1481	55	2 3902
	10	51	41	4 8535	46	3 9485	51	3 0875	56	2 3216
	11	52	42	4 8442	47	3 9160	52	3 0426	57	2 2665
	12	53	43	4 8454	48	3 8942	53	3 0080	58	2 2203
	13	54	44	4 8529	49	3 8795	54	2 9797	59	2 1794
	14	55	45	4 8633	50	3 8694	55	2 9549	60	2 1416
Tarif 3 1/2 p. o/o C. R.	15	56	46	4 8748	51	3 8617	56	2 9313	61	3 4050

NATURE DES TARIFS.	TEMPS ÉCOULÉ depuis l'accident.	ÂGE actuel de l'invalide.	+ 10 ans.		+ 5 ans.		0.		— 5 ans.	
			Âge actuel du conjoint.	Complément du prix d'une rente réversible de 1 franc.	Âge actuel du conjoint.	Complément du prix d'une rente réversible de 1 franc.	Âge actuel du conjoint.	Complément du prix d'une rente réversible de 1 franc.	Âge actuel du conjoint.	Complément du prix d'une rente réversible de 1 franc.
	ans.	ans.	ans.		ans.		ans.		ans.	
	0	42	32	9ᶠ 3086	37	8ᶠ 4543	42	7ᶠ 5356	47	6ᶠ 5719
	1	43	33	7 9235	38	7 0871	43	6 2098	48	5 3129
	2	44	34	6 9283	39	6 0614	44	5 2511	49	4 4039
	3	45	35	6 2292	40	5 4044	45	4 5688	50	3 7571
Tarif applicable pendant les quinze premières années d'invalidité.........	4	46	36	5 7462	41	4 9174	46	4 0874	51	3 2996
	5	47	37	5 4179	42	4 5801	47	3 7491	52	2 9762
	6	48	38	5 1988	43	4 3479	48	3 5113	53	2 7463
	7	49	39	5 0560	44	4 1886	49	3 3437	54	2 5810
	8	50	40	4 9658	45	4 0791	50	3 2246	55	2 4597
	9	51	41	4 9115	46	4 0035	51	3 1386	56	2 3679
	10	52	42	4 8815	47	3 9513	52	3 0754	57	2 2962
	11	53	43	4 8678	48	3 9154	53	3 0277	58	2 2381
	12	54	44	4 8647	49	3 8908	54	2 9902	59	2 1889
	13	55	45	4 8685	50	3 8743	55	2 9594	60	2 1456
	14	56	46	4 8760	51	3 8629	56	2 9324	61	2 1059
Tarif 3 1/2 p. o/o C. R.	15	57	47	4 8849	52	3 8540	57	2 9065	62	2 0676

NATURE DES TARIFS.	TEMPS ÉCOULÉ depuis l'accident.	ÂGE actuel de l'invalide.	ÂGE DE L'INVALIDE AU MOMENT DE L'ACCIDENT : 43 ANS. DIFFÉRENCES D'ÂGES.							
			+ 10 ans.		+ 5 ans.		0.		— 5 ans.	
			Âge actuel du conjoint.	Complément du prix d'une rente réversible de 1 franc.	Âge actuel du conjoint.	Complément du prix d'une rente réversible de 1 franc.	Âge actuel du conjoint.	Complément du prix d'une rente réversible de 1 franc.	Âge actuel du conjoint.	Complément du prix d'une rente réversible de 1 franc.
	ans.	ans.	ans.		ans.		ans.		ans.	
Tarif applicable pendant les quinze premières années d'invalidité.........	0	43	33	9ᶠ 2949	38	8ᶠ 4103	43	7ᶠ 4652	48	6ᶠ 4771
	1	44	34	7 9238	39	7 0595	44	6 1569	49	5 2399
	2	45	35	6 9410	40	6 0878	45	5 2127	50	4 3490
	3	46	36	6 2516	41	5 4016	46	4 5420	51	3 7161
	4	47	37	5 7755	42	4 9220	47	4 0690	52	3 2685
	5	48	38	5 4511	43	4 5886	48	3 7359	53	2 9510
	6	49	39	5 2332	44	4 3573	49	3 5007	54	2 7238
	7	50	40	5 0893	45	4 1964	50	3 3335	55	2 5585
	8	51	41	4 9962	46	4 0838	51	3 2131	56	2 4354
	9	52	42	4 9381	47	4 0049	52	3 1250	57	2 3411
	10	53	43	4 9042	48	3 9498	53	3 0595	58	2 2668
	11	54	44	4 8867	49	3 9115	54	3 0094	59	2 2061
	12	55	45	4 8802	50	3 8853	55	2 9697	60	2 1549
	13	56	46	4 8811	51	3 8677	56	2 9368	61	2 1099
	14	57	47	4 8861	52	3 8552	57	2 9075	62	2 0686
Tarif 3 1/2 p. o/o C. R.	15	58	48	4 8928	53	3 8447	58	2 8794	63	2 0288

NATURE DES TARIFS.	TEMPS ÉCOULÉ depuis l'accident.	ÂGE actuel de l'invalide.	ÂGE DE L'INVALIDE AU MOMENT DE L'ACCIDENT : 44 ANS.							
			DIFFÉRENCES D'ÂGES.							
			+ 10 ans.		+ 5 ans.		0.		— 5 ans.	
			Âge actuel du conjoint.	Complément du prix d'une rente réversible de 1 franc.	Âge actuel du conjoint.	Complément du prix d'une rente réversible de 1 franc.	Âge actuel du conjoint.	Complément du prix d'une rente réversible de 1 franc.	Âge actuel du conjoint.	Complément du prix d'une rente réversible de 1 franc.
	ans.	ans.	ans.		ans.		ans.		ans.	
Tarif applicable pendant les quinze premières années d'invalidité.........	0	44	34	9ᶠ 2773	39	8ᶠ 363o	44	7ᶠ 39o7	49	6ᶠ 38o4
	1	45	35	7 9219	40	7 o3oo	45	6 1o11	50	5 1666
	2	46	36	6 9516	41	6 o725	46	5 1721	51	4 2939
	3	47	37	6 2715	42	5 3963	47	4 5128	52	3 6742
	4	48	38	5 8o15	43	4 9229	48	4 o477	53	3 235a
	5	49	39	5 48oo	44	4 5923	49	3 7193	54	2 9225
	6	50	40	5 262a	45	4 36o8	50	3 486o	55	2 6969
	7	51	41	5 1166	46	4 1979	51	3 3188	56	2 531o
	8	52	42	5 o2o6	47	4 o829	52	3 197a	57	2 4o63
	9	53	43	4 9593	48	4 oo18	53	3 1o76	58	2 31o1
	10	54	44	4 922o	49	3 9448	54	3 o4o2	59	2 2338
	11	55	45	4 9o15	50	3 9o53	55	2 988a	60	2 1714
	12	56	46	4 8924	51	3 8783	56	2 9467	61	2 1187
	13	57	47	4 89o9	52	3 8597	57	2 9118	62	2 o723
	14	58	48	4 894o	53	3 8458	58	2 88o4	63	2 o297
Tarif 3 1/2 p. o/o C. R.	15	59	49	4 8994	54	3 8339	59	2 85o2	64	1 989o

NATURE DES TARIFS.	TEMPS ÉCOULÉ depuis l'accident.	ÂGE actuel de l'invalide.	ÂGE DE L'INVALIDE AU MOMENT DE L'ACCIDENT : 45 ANS.							
			DIFFÉRENCES D'ÂGES.							
			+10 ans.		+5 ans.		0.		—5 ans.	
			Âge actuel du conjoint.	Complément du prix d'une rente réversible de 1 franc.	Âge actuel du conjoint.	Complément du prix d'une rente réversible de 1 franc.	Âge actuel du conjoint.	Complément du prix d'une rente réversible de 1 franc.	Âge actuel du conjoint.	Complément du prix d'une rente réversible de 1 franc.
	ans.	ans.	ans.		ans.		ans.		ans.	
Tarif applicable pendant les quinze premières années d'invalidité.........	0	45	35	9f 2567	40	8f 3132	45	7f 3124	50	6f 2832
	1	46	36	7 9173	41	6 9985	46	6 0426	51	5 0929
	2	47	37	6 9596	42	6 0545	47	5 1291	52	4 2380
	3	48	38	6 2883	43	5 3875	48	4 4811	53	3 6305
	4	49	39	5 8234	44	4 9192	49	4 0233	54	3 1990
	5	50	40	5 5040	45	4 5902	50	3 6989	55	2 8899
	6	51	41	5 2858	46	4 3583	51	3 4673	56	2 6652
	7	52	42	5 1382	47	4 1941	52	3 3000	57	2 4989
	8	53	43	5 0399	48	4 0778	53	3 1779	58	2 3732
	9	54	44	4 9759	49	3 9955	54	3 0870	59	2 2757
	10	55	45	4 9360	50	3 9378	55	3 0182	60	2 1982
	11	56	46	4 9132	51	3 8979	56	2 9617	61	2 1348
	12	57	47	4 9021	52	3 8702	57	2 9215	62	2 0809
	13	58	48	4 8988	53	3 8504	58	2 8846	63	2 0334
	14	59	49	4 9006	54	3 8350	59	2 8512	64	1 9899
Tarif 3 1/2 p. o/o C. R.	15	60	50	4 9048	55	3 8209	60	2 8188	65	1 9483

NATURE DES TARIFS.	TEMPS ÉCOULÉ depuis l'accident.	ÂGE actuel de l'invalide.	ÂGE DE L'INVALIDE AU MOMENT. DE L'ACCIDENT: 46 ANS. DIFFÉRENCES D'ÂGES.							
			+10 ans.		+5 ans.		0.		−5 ans.	
			Âge actuel du conjoint.	Complément du prix d'une rente réversible de 1 franc.	Âge actuel du conjoint.	Complément du prix d'une rente réversible de 1 franc.	Âge actuel du conjoint.	Complément du prix d'une rente réversible de 1 franc.	Âge actuel du conjoint.	Complément du prix d'une rente réversible de 1 franc.
	ans.	ans.	ans.		ans.		ans.		ans.	
Tarif applicable pendant les quinze premières années d'invalidité.........	0	46	36	9f 2320	41	8f 2602	46	7f 2301	51	6f 1849
	1	47	37	7 9095	42	6 9636	47	5 9810	52	5 0182
	2	48	38	6 9639	43	6 0324	48	5 0831	53	4 1798
	3	49	39	6 3007	44	5 3736	49	4 4461	54	3 5834
	4	50	40	5 8402	45	4 9095	50	3 9950	55	3 1583
	5	51	41	5 5291	46	4 5820	51	3 6744	56	2 8523
	6	52	42	5 3035	47	4 3503	52	3 4444	57	2 6288
	7	53	43	5 1546	48	4 1860	53	3 2776	58	2 4627
	8	54	44	5 0543	49	4 0693	54	3 1550	59	2 3365
	9	55	45	4 9883	50	3 9870	55	3 0635	60	2 2385
	10	56	46	4 9467	51	3 9294	56	2 9937	61	2 1605
	11	57	47	4 9222	52	3 8891	57	2 9388	62	2 0963
	12	58	48	4 9095	53	3 8604	58	2 8938	63	2 0416
	13	59	49	4 9052	54	3 8393	59	2 8552	64	1 9934
	14	60	50	4 9060	55	3 8220	60	2 8198	65	1 9492
Tarif 3 1/2 p. o/o C. R.	15	61	51	4 9089	56	3 8054	61	2 7853	66	1 9072

NATURE DES TARIFS.	TEMPS ÉCOULÉ depuis l'accident.	ÂGE actuel de l'invalide.	ÂGE DE L'INVALIDE AU MOMENT DE L'ACCIDENT: 47 ANS.							
			DIFFÉRENCES D'ÂGES.							
			+10 ans.		+5 ans.		0.		−5 ans.	
			Âge actuel du conjoint.	Complément du prix d'une rente réversible de 1 franc.	Âge actuel du conjoint.	Complément du prix d'une rente réversible de 1 franc.	Âge actuel du conjoint.	Complément du prix d'une rente réversible de 1 franc.	Âge actuel du conjoint.	Complément du prix d'une rente réversible de 1 franc.
	ans.	ans.	ans.		ans.		ans.		ans.	
Tarif applicable pendant les quinze premières années d'invalidité.........	0	47	37	9f 2028	42	8f 2026	47	7f 1437	52	6f 0849
	1	48	38	7 8968	43	6 9236	48	5 9158	53	4 9406
	2	49	39	6 9631	44	6 0046	49	5 0334	54	4 1181
	3	50	40	6 3073	45	5 3531	50	4 4067	55	3 5316
	4	51	41	5 8504	46	4 8950	51	3 9622	56	3 1123
	5	52	42	5 5337	47	4 5677	52	3 6452	57	2 8095
	6	53	43	5 3153	48	4 3373	53	3 4173	58	2 5879
	7	54	44	5 1655	49	4 1739	54	3 2514	59	2 4225
	8	55	45	5 0641	50	4 0582	55	3 1290	60	2 2968
	9	56	46	4 9971	51	3 9766	56	3 0371	61	2 1990
	10	57	47	4 9543	52	3 9192	57	2 9664	62	2 1207
	11	58	48	4 9287	53	3 8784	58	2 9103	63	2 0561
	12	59	49	4 9154	54	3 8489	59	2 8639	64	2 0011
	13	60	50	4 9102	55	3 8260	60	2 8235	65	1 9524
	14	61	51	4 9099	56	3 8063	61	2 7861	66	1 9079
Tarif 3 1/2 p. o/o C. R.	15	62	52	4 9115	57	3 7870	62	2 7495	67	1 8658

NATURE DES TARIFS.	TEMPS ÉCOULÉ depuis l'accident.	ÂGE actuel de l'invalide.	ÂGE DE L'INVALIDE AU MOMENT DE L'ACCIDENT : 48 ANS.							
			DIFFÉRENCES D'ÂGES.							
			+10 ans.		+5 ans.		0.		−5 ans.	
			Âge actuel du conjoint.	Complément du prix d'une rente réversible de 1 franc.	Âge actuel du conjoint.	Complément du prix d'une rente réversible de 1 franc.	Âge actuel du conjoint.	Complément du prix d'une rente réversible de 1 franc.	Âge actuel du conjoint.	Complément du prix d'une rente réversible de 1 franc.
	ans.	ans.	ans.		ans.		ans.		ans.	
Tarif applicable pendant les quinze premières années de l'invalidité.........	0	48	38	9^f 1687	43	8^f 1396	48	7^f 0536	53	5^f 9822
	1	49	39	7 8793	44	6 8778	49	5 8470	54	4 8596
	2	50	40	6 9571	45	5 9705	50	4 9799	55	4 0519
	3	51	41	6 3081	46	5 3265	51	4 3635	56	3 4750
	4	52	42	5 8553	47	4 8713	52	3 9257	57	3 0619
	5	53	43	5 5406	48	4 5496	53	3 6129	58	2 7631
	6	54	44	5 3228	49	4 3216	54	3 3874	59	2 5438
	7	55	45	5 1730	50	4 1603	55	3 2228	60	2 3801
	8	56	46	5 0713	51	4 0462	56	3 1010	61	2 2554
	9	57	47	5 0038	52	3 9656	57	3 0089	62	2 1581
	10	58	48	4 9604	53	3 9081	58	2 9375	63	2 0799
	11	59	49	4 9344	54	3 8667	59	2 8802	64	2 0153
	12	60	50	4 9204	55	3 8356	60	2 8312	65	1 9600
	13	61	51	4 9143	56	3 8104	61	2 7899	66	1 9112
	14	62	52	4 9125	57	3 7879	62	2 7504	67	1 8665
Tarif 3 1/2 p. o/o C. R.	15	63	53	4 9117	58	3 7653	63	2 7115	68	1 8242

NATURE DES TARIFS.	TEMPS ÉCOULÉ depuis l'accident.	Âge actuel de l'invalide.	ÂGE DE L'INVALIDE AU MOMENT DE L'ACCIDENT : 49 ANS.							
			DIFFÉRENCES D'ÂGES.							
			+ 10 ans.		+ 5 ans.		0.		− 5 ans.	
			Âge actuel du conjoint.	Complément du prix d'une rente réversible de 1 franc.	Âge actuel du conjoint.	Complément du prix d'une rente réversible de 1 franc.	Âge actuel du conjoint.	Complément du prix d'une rente réversible de 1 franc.	Âge actuel du conjoint.	Complément du prix d'une rente réversible de 1 franc.
	ans.	ans.	ans.		ans.		ans.		ans.	
Tarif applicable pendant les quinze premières années d'invalidité.........	0	49	39	9^{f}1283	44	8^{f}0695	49	6^{f}9589	54	5^{f}8753
	1	50	40	7 8553	45	6 8246	50	5 7737	55	4 7734
	2	51	41	6 9441	46	5 9291	51	4 9218	56	3 9800
	3	52	42	6 3022	47	5 2935	52	4 3157	57	3 4130
	4	53	43	5 8537	48	4 8444	53	3 8848	58	3 0066
	5	54	44	5 5416	49	4 5272	54	3 5766	59	2 7123
	6	55	45	5 3253	50	4 3031	55	3 3540	60	2 4963
	7	56	46	5 1764	51	4 1447	56	3 1912	61	2 3350
	8	57	47	5 0753	52	4 0325	57	3 0701	62	2 2119
	9	58	48	5 0079	53	3 9526	58	2 9780	63	2 1154
	10	59	49	4 9647	54	3 8951	59	2 9060	64	2 0378
	11	60	50	4 9384	55	3 8524	60	2 8476	65	1 9734
	12	61	51	4 9239	56	3 8194	61	2 7980	66	1 9182
	13	62	52	4 9167	57	3 7918	62	2 7539	67	1 8696
	14	63	53	4 9126	58	3 7662	63	2 7123	68	1 8249
Tarif 3 1/2 p. o/o. C. R.	15	64	54	4 9083	59	3 7395	64	2 6709	69	1 7822

NATURE DES TARIFS.	TEMPS ÉCOULÉ depuis l'accident.	ÂGE actuel de l'invalide.	ÂGE DE L'INVALIDE AU MOMENT DE L'ACCIDENT : 50 ANS.							
			DIFFÉRENCES D'ÂGES.							
			+ 10 ans.		+ 5 ans.		0.		— 5 ans.	
			Âge actuel du conjoint.	Complément du prix d'une rente réversible de 1 franc.	Âge actuel du conjoint.	Complément du prix d'une rente réversible de 1 franc.	Âge actuel du conjoint.	Complément du prix d'une rente réversible de 1 franc.	Âge actuel du conjoint.	Complément du prix d'une rente réversible de 1 franc.
	ans.	ans.	ans.		ans.		ans.		ans.	
Tarif applicable pendant les quinze premières années d'invalidité.........	0	50	40	9f 0815	45	7f 9918	50	6f 8603	55	5f 7633
	1	51	41	7 8248	46	6 7644	51	5 6965	56	4 6819
	2	52	42	6 9248	47	5 8818	52	4 8598	57	3 9031
	3	53	43	6 2907	48	5 2561	53	4 2644	58	3 3467
	4	54	44	5 8473	49	4 8144	54	3 8408	59	2 9478
	5	55	45	5 5386	50	4 5c32	55	3 5376	60	2 6590
	6	56	46	5 3247	51	4 2835	56	3 3183	61	2 4470
	7	57	47	5 1776	52	4 1282	57	3 1575	62	2 2885
	8	58	48	5 0774	53	4 0175	58	3 0372	63	2 1670
	9	59	49	5 0109	54	3 9382	59	2 9453	64	2 0719
	10	60	50	4 9680	55	3 8801	60	2 8726	65	1 9951
	11	61	51	4 9416	56	3 8359	61	2 8130	66	1 9311
	12	62	52	4 9260	57	3 8005	62	2 7618	67	1 8764
	13	63	53	4 9166	58	3 7699	63	2 7156	68	1 8278
	14	64	54	4 9093	59	3 7404	64	2 6717	69	1 7829
Tarif 3 1/2 p. o/o C. R.	15	65	55	4 9005	60	3 7093	65	2 6278	70	1 7399

NATURE DES TARIFS.	TEMPS ÉCOULÉ depuis l'accident.	ÂGE actuel de l'invalide.	ÂGE DE L'INVALIDE AU MOMENT DE L'ACCIDENT : 51 ANS.							
			DIFFÉRENCES D'ÂGES.							
			+ 10 ans.		+ 5 ans.		0.		− 5 ans.	
			Âge actuel du conjoint.	Complément du prix d'une rente réversible de 1 franc.	Âge actuel du conjoint.	Complément du prix d'une rente réversible de 1 franc.	Âge actuel du conjoint.	Complément du prix d'une rente réversible de 1 franc.	Âge actuel du conjoint.	Complément du prix d'une rente réversible de 1 franc.
	ans.	ans.	ans.		ans.		ans.		ans.	
Tarif applicable pendant les quinze premières années d'invalidité.........	0	51	41	9f 0273	46	7f 9061	51	6f 7572	56	5f 6452
	1	52	42	7 7871	47	6 6974	52	5 6148	57	4 5846
	2	53	43	6 8989	48	5 8294	53	4 7935	58	3 8214
	3	54	44	6 2731	49	5 2146	54	4 2091	59	3 2762
	4	55	45	5 8359	50	4 7818	55	3 7933	60	2 8857
	5	56	46	5 5317	51	4 4772	56	3 4956	61	2 6032
	6	57	47	5 3210	52	4 2623	57	3 2799	62	2 3956
	7	58	48	5 1761	53	4 1097	58	3 1211	63	2 2401
	8	59	49	5 0778	54	4 0007	59	3 0020	64	2 1210
	9	60	50	5 0124	55	3 9215	60	2 9101	65	2 0274
	10	61	51	4 9699	56	3 8623	61	2 8368	66	1 9516
	11	62	52	4 9430	57	3 8164	62	2 7761	67	1 8886
	12	63	53	4 9257	58	3 7784	63	2 7233	68	1 8343
	13	64	54	4 9132	59	3 7440	64	2 6750	69	1 7857
	14	65	55	4 9015	60	3 7102	65	2 6286	70	1 7406
Tarif 3 1/2 p. o/o C. R.	15	66	56	4 8868	61	3 6738	66	2 5818	71	1 6970

NATURE DES TARIFS.	TEMPS ÉCOULÉ depuis l'accident.	ÂGE actuel de l'invalide.	ÂGE DE L'INVALIDE AU MOMENT DE L'ACCIDENT : 52 ANS.							
			DIFFÉRENCES D'ÂGES.							
			+ 10 ans.		+ 5 ans.		0.		− 5 ans.	
			Âge actuel du conjoint.	Complément du prix d'une rente réversible de 1 franc.	Âge actuel du conjoint.	Complément du prix d'une rente réversible de 1 franc.	Âge actuel du conjoint.	Complément du prix d'une rente réversible de 1 franc.	Âge actuel du conjoint.	Complément du prix d'une rente réversible de 1 franc.
	ans.	ans.	aus.		ans.		aos.		ans.	
Tarif applicable pendant les quinze premières années d'invalidité.........	0	52	42	8ᶠ 9653	47	7ᶠ 813a	52	6ᶠ 6495	57	5ᶠ 5210
	1	53	43	7 74a3	48	6 62So	53	5 5a88	58	4 48aa
	2	54	44	6 8669	49	5 77a9	54	4 7a34	59	3 735a
	3	55	45	6 a5o6	50	5 17o8	55	4 15o5	60	3 aoa3
	4	56	46	5 8ao5	51	4 7476	56	3 743o	61	a 8a11
	5	57	47	5 5a18	52	4 45oo	57	3 4511	62	a 5454
	6	58	48	5 315a	53	4 a395	58	3 a391	63	a 34a7
	7	59	49	5 1734	54	4 o899	59	3 o8a7	64	a 1908
	8	60	50	5 o771	55	3 9818	60	a 9645	65	a o74a
	9	61	51	1 o1a8	56	3 9oa3	61	a 8798	66	1 98a4
	10	62	52	4 97o4	57	3 8418	62	a 7989	67	1 9o81
	11	63	53	4 94ao	58	3 7935	63	a 7368	68	1 8458
	12	64	54	4 9a19	59	3 75a1	64	a 68aa	69	1 7918
	13	65	55	4 9o51	60	3 7135	65	a 6316	70	1 743a
	14	66	56	4 8876	61	3 6746	66	a 58a5	71	1 6976
Tarif 3 1/2 p. o/o C. R.	15	67	57	4 865g	62	3 63a3	67	a 53a7	72	1 653a

NATURE DES TARIFS.	TEMPS ÉCOULÉ depuis l'accident.	ÂGE actuel de l'invalide.	ÂGE DE L'INVALIDE AU MOMENT DE L'ACCIDENT : 53 ANS.							
			DIFFÉRENCES D'ÂGES.							
			+10 ans.		+5 ans.		0.		— 5 ans.	
			Âge actuel du conjoint.	Complément du prix d'une rente réversible de 1 franc.	Âge actuel du conjoint.	Complément du prix d'une rente réversible de 1 franc.	Âge actuel du conjoint.	Complément du prix d'une rente réversible de 1 franc.	Âge actuel du conjoint.	Complément du prix d'une rente réversible de 1 franc.
	ans.	ans.	ans.		ans.		ans.		ans.	
Tarif applicable pendant les quinze premières années d'invalidité..........	0	53	43	8f 8956	48	7f 7144	53	6f 5374	58	5f 3912
	1	54	44	7 6908	49	6 5484	54	5 4386	59	4 3750
	2	55	45	6 8294	50	5 7138	55	4 6496	60	3 6455
	3	56	46	6 2239	51	5 1252	56	4 0888	61	3 1259
	4	57	47	5 8021	52	4 7119	57	3 6900	62	2 7545
	5	58	48	5 5096	53	4 4210	58	3 4040	63	2 4860
	6	59	49	5 3078	54	4 2151	59	3 1961	64	2 2887
	7	60	50	5 1693	55	4 0677	60	3 0420	65	2 1407
	8	61	51	5 0752	56	3 9603	61	2 9249	66	2 0269
	9	62	52	5 0115	57	3 8801	62	2 8332	67	1 9372
	10	63	53	4 9683	58	3 8179	63	2 7586	68	1 8643
	11	64	54	4 9375	59	3 7666	64	2 6951	69	1 8027
	12	65	55	4 9135	60	3 7213	65	2 6385	70	1 7490
	13	66	56	4 8912	61	3 6779	66	2 5854	71	1 7001
	14	67	57	4 8667	62	3 6330	67	2 5334	72	1 6537
Tarif 3 1/2 p. o/o C. R.	15	68	58	4 8375	63	3 5848	68	2 4808	73	1 6087

NATURE DES TARIFS.	TEMPS ÉCOULÉ depuis l'accident.	ÂGE actuel de l'invalide.	ÂGE DE L'INVALIDE AU MOMENT DE L'ACCIDENT : 54 ANS. DIFFÉRENCES D'ÂGES.							
			+ 10 ans.		+ 5 ans.		0.		— 5 ans.	
			Âge actuel du conjoint.	Complément du prix d'une rente réversible de 1 franc.	Âge actuel du conjoint.	Complément du prix d'une rente réversible de 1 franc.	Âge actuel du conjoint.	Complément du prix d'une rente réversible de 1 franc.	Âge actuel du conjoint.	Complément du prix d'une rente réversible de 1 franc.
	ans.	ans.	ans.		ans.		ans.		ans.	
Tarif applicable pendant les quinze premières années d'invalidité.........	0	54	44	8f 8182	49	7f 6110	54	6f 4207	59	5f 2560
	1	55	45	7 6331	50	6 4687	55	5 3444	60	4 2631
	2	56	46	6 7871	51	5 6528	56	4 5724	61	3 5527
	3	57	47	6 1936	52	5 0779	57	4 0241	62	3 0471
	4	58	48	5 7809	53	4 6742	58	3 6341	63	2 6860
	5	59	49	5 4954	54	4 3900	59	3 3543	64	2 4252
	6	60	50	5 2987	55	4 1881	60	3 1504	65	2 2336
	7	61	51	5 1638	56	4 0427	61	2 9988	66	2 0899
	8	62	52	5 0715	57	3 9357	62	2 8828	67	1 9793
	9	63	53	5 0079	58	3 8546	63	2 7912	68	1 8918
	10	64	54	4 9627	59	3 7898	64	2 7157	69	1 8201
	11	65	55	4 9285	60	3 7351	65	2 6507	70	1 7593
	12	66	56	4 8992	61	3 6853	66	2 5920	71	1 7056
	13	67	57	4 8701	62	3 6362	67	2 5362	72	1 6561
	14	68	58	4 8383	63	3 5855	68	2 4815	73	1 6093
Tarif 3 1/2 p. o/o C. R.	15	69	59	4 8009	64	3 5313	69	2 4261	74	1 5640

NATURE DES TARIFS.	TEMPS ÉCOULÉ depuis l'accident.	ÂGE actuel de l'invalide.	ÂGE DE L'INVALIDE AU MOMENT DE L'ACCIDENT : 55 ANS. DIFFÉRENCES D'ÂGES.							
			+ 10 ans.		+ 5 ans.		0.		− 5 ans.	
			Âge actuel du conjoint.	Complément du prix d'une rente réversible de 1 franc.	Âge actuel du conjoint.	Complément du prix d'une rente réversible de 1 franc.	Âge actuel du conjoint.	Complément du prix d'une rente réversible de 1 franc.	Âge actuel du conjoint.	Complément du prix d'une rente réversible de 1 franc.
	ans.	ans.	ans.		ans.		ans.		ans.	
Tarif applicable pendant les quinze premières années d'invalidité.........	0	55	45	8f 7339	50	7f 5043	55	6f 2995	60	5f 1163
	1	56	46	7 5701	51	6 3870	56	5 2464	61	4 1491
	2	57	47	6 7409	52	5 5899	57	4 4918	62	3 4574
	3	58	48	6 1605	53	5 0286	58	3 9563	63	2 9663
	4	59	49	5 7581	54	4 6348	59	3 5758	64	2 6164
	5	60	50	5 4801	55	4 3568	60	3 3024	65	2 3638
	6	61	51	5 2886	56	4 1586	61	3 1026	66	2 1782
	7	62	52	5 1568	57	4 0148	62	2 9534	67	2 0390
	8	63	53	5 0655	58	3 9079	63	2 8386	68	1 9317
	9	64	54	5 0007	59	3 8249	64	2 7468	69	1 8461
	10	65	55	4 9526	60	3 7574	65	2 6704	70	1 7757
	11	66	56	4 9136	61	3 6986	66	2 6036	71	1 7154
	12	67	57	4 8778	62	3 6433	67	2 5424	72	1 6613
	13	68	58	4 8416	63	3 5885	68	2 4841	73	1 6115
	14	69	59	4 8017	64	3 5320	69	2 4267	74	1 5645
Tarif 3 1/2 p. o/o C. R.	15	70	60	4 7555	65	3 4717	70	2 3686	75	1 5188

NATURE DES TARIFS.	TEMPS ÉCOULÉ depuis l'accident.	ÂGE actuel de l'invalide.	ÂGE DE L'INVALIDE AU MOMENT DE L'ACCIDENT : 56 ANS.							
			DIFFÉRENCES D'ÂGES.							
			+ 10 ans.		+ 5 ans.		0.		— 5 ans.	
			Âge actuel du conjoint.	Complément du prix d'une rente réversible de 1 franc.	Âge actuel du conjoint.	Complément du prix d'une rente réversible de 1 franc.	Âge actuel du conjoint.	Complément du prix d'une rente réversible de 1 franc.	Âge actuel du conjoint.	Complément du prix d'une rente réversible de 1 franc.
	ans.	ans.	ans.		ans.		ans.		ans.	
Tarif applicable pendant les quinze premières années d'invalidité..........	0	56	46	8f 6432	51	7f 3950	56	6f 1737	61	4f 9725
	1	57	47	7 5025	52	6 3032	57	5 1445	62	4 0315
	2	58	48	6 6917	53	5 5249	58	4 4081	63	3 3600
	3	59	49	6 1256	54	4 9775	59	3 8860	64	2 8844
	4	60	50	5 7338	55	4 5928	60	3 5149	65	2 5458
	5	61	51	5 4635	56	4 3209	61	3 2480	66	2 3018
	6	62	52	5 2770	57	4 1261	62	3 0526	67	2 1227
	7	63	53	5 1475	58	3 9836	63	2 9057	68	1 9880
	8	64	54	5 0560	59	3 8759	64	2 7918	69	1 8837
	9	65	55	4 9892	60	3 7910	65	2 6999	70	1 8003
	10	66	56	4 9368	61	3 7198	66	2 6223	71	1 7308
	11	67	57	4 8916	62	3 6559	67	2 5535	72	1 6704
	12	68	58	4 8490	63	3 5953	68	2 4900	73	1 6164
	13	69	59	4 8048	64	3 5349	69	2 4292	74	1 5666
	14	70	60	4 7564	65	3 4724	70	2 3692	75	1 5193
Tarif 3 1/2 p. o/o C.R.	15	71	61	4 7014	66	3 4065	71	2 3086	76	1 4735

(marge gauche, texte vertical) TARIFS DE MORTALITÉ.

NATURE DES TARIFS.	TEMPS ÉCOULÉ depuis l'accident.	ÂGE actuel de l'invalide.	ÂGE DE L'INVALIDE AU MOMENT DE L'ACCIDENT : 57 ANS. DIFFÉRENCES D'ÂGES.							
			+ 10 ans.		+ 5 ans.		0.		— 5 ans.	
			Âge actuel du conjoint.	Complément du prix d'une rente réversible de 1 franc.	Âge actuel du conjoint.	Complément du prix d'une rente réversible de 1 franc.	Âge actuel du conjoint.	Complément du prix d'une rente réversible de 1 franc.	Âge actuel du conjoint.	Complément du prix d'une rente réversible de 1 franc.
	ans.	ans.	ans.		ans.		ans.		ans.	
Tarif applicable pendant les quinze premières années d'invalidité..........	0	57	47	8f 5473	52	7f 2832	57	6f 0436	62	4f 8252
	1	58	48	7 4313	53	6 2167	58	5 0389	63	3 9114
	2	59	49	6 6401	54	5 4574	59	4 3211	64	3 2611
	3	60	50	6 0890	55	4 9234	60	3 8128	65	2 8014
	4	61	51	5 7081	56	4 5479	61	3 4514	66	2 4748
	5	62	52	5 4451	57	4 2817	62	3 1912	67	2 2397
	6	63	53	5 2627	58	4 0900	63	3 0000	68	2 0670
	7	64	54	5 1345	59	3 9482	64	2 8555	69	1 9367
	8	65	55	5 0419	60	3 8394	65	2 7424	70	1 8355
	9	66	56	4 9715	61	3 7516	66	2 6500	71	1 7538
	10	67	57	4 9136	62	3 6760	67	2 5710	72	1 6849
	11	68	58	4 8619	63	3 6071	68	2 5003	73	1 6249
	12	69	59	4 8117	64	3 5412	69	2 4347	74	1 5711
	13	70	60	4 7592	65	3 4751	70	2 3715	75	1 5212
	14	71	61	4 7020	66	3 4071	71	2 3092	76	1 4740
Tarif 3 1/2 p. o/o C. R.	15	72	62	4 6382	67	3 3363	72	2 2466	77	1 4284

NATURE DES TARIFS.	TEMPS ÉCOULÉ depuis l'accident.	ÂGE actuel de l'invalide.	ÂGE DE L'INVALIDE AU MOMENT DE L'ACCIDENT : 58 ANS.							
			DIFFÉRENCES D'ÂGES.							
			+ 10 ans.		+ 5 ans.		0.		— 5 ans.	
			Âge actuel du conjoint.	Complément du prix d'une rente réversible de 1 franc.	Âge actuel du conjoint.	Complément du prix d'une rente réversible de 1 franc.	Âge actuel du conjoint.	Complément du prix d'une rente réversible de 1 franc.	Âge actuel du conjoint.	Complément du prix d'une rente réversible de 1 franc.
	ans.	ans.	ans.		ans.		ans.		ans.	
Tarif applicable pendant les quinze premières années d'invalidité.........	0	58	48	8ᶠ 4471	53	7ᶠ 1685	58	5ᶠ 9091	63	4ᶠ 6750
	1	59	49	7 3576	54	6 1277	59	4 9298	64	3 7896
	2	60	50	6 5869	55	5 3872	60	4 2312	65	3 1611
	3	61	51	6 0510	56	4 8664	61	3 7369	66	2 7179
	4	62	52	5 6808	57	4 4999	62	3 3856	67	2 4038
	5	63	53	5 4244	58	4 2393	63	3 1321	68	2 1776
	6	64	54	5 2452	59	4 0500	64	2 9451	69	2 0112
	7	65	55	5 1172	60	3 9085	65	2 8029	70	1 8855
	8	66	56	5 0221	61	3 7978	66	2 6904	71	1 7869
	9	67	57	4 9468	62	3 7063	67	2 5973	72	1 7065
	10	68	58	4 8830	63	3 6263	68	2 5169	73	1 6385
	11	69	59	4 8243	64	3 5526	69	2 4445	74	1 5792
	12	70	60	4 7659	65	3 4811	70	2 3768	75	1 5255
	13	71	61	4 7049	66	3 4097	71	2 3114	76	1 4758
	14	72	62	4 6389	67	3 3369	72	2 2471	77	1 4289
Tarif 3 1/2 p. o/o C. R.	15	73	63	4 5659	68	3 2609	73	2 1825	78	1 3834

NATURE DES TARIFS.	TEMPS ÉCOULÉ depuis l'accident.	ÂGE actuel de l'invalide.	ÂGE DE L'INVALIDE AU MOMENT DE L'ACCIDENT : 59 ANS.							
			DIFFÉRENCES D'ÂGES.							
			+ 10 ans.		+ 5 ans.		0.		— 5 ans.	
			Âge actuel du conjoint.	Complément du prix d'une rente réversible de 1 franc.	Âge actuel du conjoint.	Complément du prix d'une rente réversible de 1 franc.	Âge actuel du conjoint.	Complément du prix d'une rente réversible de 1 franc.	Âge actuel du conjoint.	Complément du prix d'une rente réversible de 1 franc.
	ans.	ans.	ans.		ans.		ans.		ans.	
Tarif applicable pendant les quinze premières années d'invalidité.........	0	59	49	8f 3436	54	7f 0505	59	5f 7703	64	4f 5225
	1	60	50	7 2817	55	6 0353	60	4 8172	65	3 6664
	2	61	51	6 5319	56	5 3135	61	4 1383	66	3 0605
	3	62	52	6 0112	57	4 8060	62	3 6585	67	2 6345
	4	63	53	5 6509	58	4 4483	63	3 3172	68	2 3327
	5	64	54	5 4002	59	4 1925	64	3 0705	69	2 1155
	6	65	55	5 2230	60	4 0054	65	2 8876	70	1 9555
	7	66	56	5 0939	61	3 8634	66	2 7474	71	1 8337
	8	67	57	4 9950	62	3 7501	67	2 6352	72	1 7374
	9	68	58	4 9147	63	3 6550	68	2 5417	73	1 6586
	10	69	59	4 8443	64	3 5707	69	2 4601	74	1 5918
	11	70	60	4 7779	65	3 4919	70	2 3860	75	1 5330
	12	71	61	4 7112	66	3 4155	71	2 3163	76	1 4798
	13	72	62	4 6417	67	3 3394	72	2 2492	77	1 4306
	14	73	63	4 5666	68	3 2616	73	2 1831	78	1 3839
Tarif 3 1/2 p. o/o C. R.	15	74	64	4 4843	69	3 1803	74	2 1167	79	1 3382

NATURE DES TARIFS.	TEMPS ÉCOULÉ depuis l'accident.	ÂGE actuel de l'invalide.	ÂGE DE L'INVALIDE AU MOMENT DE L'ACCIDENT : 60 ANS.							
			DIFFÉRENCES D'ÂGES.							
			+ 10 ans.		+ 5 ans		0.		— 5 ans.	
			Âge actuel du conjoint.	Complément du prix d'une rente réversible de 1 franc.	Âge actuel du conjoint.	Complément du prix d'une rente réversible de 1 franc.	Âge actuel du conjoint.	Complément du prix d'une rente réversible de 1 franc.	Âge actuel du conjoint.	Complément du prix d'une rente réversible de 1 franc.
	ans.	ans.	ans.		ans.		ans.		ans.	
Tarif applicable pendant les quinze premières années d'invalidité..........	0	60	50	8f 2376	55	6f 9286	60	5f 6274	65	4f 3684
	1	61	51	7 2038	56	5 9390	61	4 7011	66	3 5425
	2	62	52	6 4750	57	5 2361	62	4 0426	67	2 9599
	3	63	53	5 9687	58	4 7418	63	3 5774	68	2 5511
	4	64	54	5 6174	59	4 3923	64	3 2463	69	2 2617
	5	65	55	5 3713	60	4 1413	65	3 0064	70	2 0534
	6	66	56	5 1950	61	3 9556	66	2 8275	71	1 8993
	7	67	57	5 0636	62	3 8124	67	2 6891	72	1 7813
	8	68	58	4 9607	63	3 6966	68	2 5775	73	1 6877
	9	69	59	4 8744	64	3 5979	69	2 4835	74	1 6107
	10	70	60	4 7969	65	3 5090	70	2 4007	75	1 5449
	11	71	61	4 7226	66	3 4256	71	2 3251	76	1 4869
	12	72	62	4 6477	67	3 3448	72	2 2539	77	1 4344
	13	73	63	4 5692	68	3 2638	73	2 1850	78	1 3855
	14	74	64	4 4848	69	3 1808	74	2 1171	79	1 3385
Tarif 3 1/2 p. o/o C. R.	15	75	65	4 3936	70	3 0951	75	2 0494	80	1 2930

NATURE DES TARIFS.	TEMPS ÉCOULÉ depuis l'accident.	ÂGE actuel de l'invalide.	ÂGE DE L'INVALIDE AU MOMENT DE L'ACCIDENT : 61 ANS.							
			DIFFÉRENCES D'ÂGES.							
			+ 10 ans.		— 5 ans.		0.		— 5 ans.	
			Âge actuel du conjoint.	Complément du prix d'une rente réversible de 1 franc.	Âge actuel du conjoint.	Complément du prix d'une rente réversible de 1 franc.	Âge actuel du conjoint.	Complément du prix d'une rente réversible de 1 franc.	Âge actuel du conjoint.	Complément du prix d'une rente réversible de 1 franc.
	ans.	ans.	ans.		ans.		ans.		ans.	
Tarif applicable pendant les quinze premières années d'invalidité........	0	61	51	8f 1293	56	6f 8024	61	5f 4807	66	4f 2135
	1	62	52	7 1239	57	5 8387	62	4 5820	67	3 4188
	2	63	53	6 4154	58	5 1548	63	3 9442	68	2 8597
	3	64	54	5 9226	59	4 6732	64	3 4938	69	2 4680
	4	65	55	5 5794	60	4 3319	65	3 1731	70	2 1911
	5	66	56	5 3367	61	4 0848	66	2 9397	71	1 9913
	6	67	57	5 1598	62	3 8998	67	2 7644	72	1 8426
	7	68	58	5 0257	63	3 7554	68	2 6279	73	1 7285
	8	69	59	4 917?	64	3 6370	69	2 5169	74	1 6376
	9	70	60	4 8254	65	3 5346	70	2 4224	75	1 5624
	10	71	61	4 7405	66	3 4417	71	2 3387	76	1 497
	11	72	62	4 6583	67	3 3543	72	2 2619	77	1 4409
	12	73	63	4 5748	68	3 2689	73	2 1893	78	1 3890
	13	74	64	4 4873	69	3 1830	74	2 1190	79	1 3400
	14	75	65	4 3942	70	3 0956	75	2 0499	80	1 2934
Tarif 3 1/2 p. o/o C. R.	15	76	66	4 2948	71	3 0056	76	1 9811	81	1 2482

NATURE DES TARIFS.	TEMPS ÉCOULÉ depuis l'accident.	ÂGE actuel de l'invalide.	ÂGE DE L'INVALIDE AU MOMENT DE L'ACCIDENT : 62 ANS.							
			DIFFÉRENCES D'ÂGES.							
			+10 ans.		+5 ans.		0.		+5 ans.	
			Âge actuel du conjoint.	Complément du prix d'une rente réversible de 1 franc.	Âge actuel du conjoint.	Complément du prix d'une rente réversible de 1 franc.	Âge actuel du conjoint.	Complément du prix d'une rente réversible de 1 franc.	Âge actuel du conjoint.	Complément du prix d'une rente réversible de 1 franc.
	ans.	ans.	ans.		ans.		ans.		ans.	
Tarif applicable pendant les quinze premières années d'invalidité.........	0	62	52	8ᶠ 0188	57	6ᶠ 6717	62	5ᶠ 3304	67	4ᶠ 0589
	1	63	53	7 0411	58	5 7343	63	4 4601	68	3 2956
	2	64	54	6 3523	59	5 0691	64	3 8433	69	2 7600
	3	65	55	5 8722	60	4 6003	65	3 4081	70	2 3855
	4	66	56	5 5357	61	4 2664	66	3 0974	71	2 1206
	5	67	57	5 2951	62	4 0226	67	2 8704	72	1 9287
	6	68	58	5 1175	63	3 8383	68	2 6990	73	1 7858
	7	69	59	4 9798	64	3 6927	69	2 5644	74	1 6757
	8	70	60	4 8667	65	3 5716	70	2 4539	75	1 5875
	9	71	61	4 7676	66	3 4658	71	2 3591	76	1 5141
	10	72	62	4 6754	67	3 3695	72	2 2747	77	1 4511
	11	73	63	4 5850	68	3 2779	73	2 1970	78	1 3951
	12	74	64	4 4927	69	3 1878	74	2 1231	79	1 3433
	13	75	65	4 3966	70	3 0977	75	2 0516	80	1 2948
	14	76	66	4 2954	71	3 0061	76	1 9815	81	1 2485
Tarif 3 1/2 p. o/o C. R.	15	77	67	4 1884	72	2 9122	77	1 9119	82	1 2041

NATURE DES TARIFS.	TEMPS ÉCOULÉ depuis l'accident.	ÂGE actuel de l'invalide.	ÂGE DE L'INVALIDE AU MOMENT DE L'ACCIDENT : 63 ANS. DIFFÉRENCES D'ÂGES.							
			+10 ans.		+5 ans.		0.		+5 ans.	
			Âge actuel du conjoint.	Complément du prix d'une rente réversible de 1 franc.	Âge actuel du conjoint.	Complément du prix d'une rente réversible de 1 franc.	Âge actuel du conjoint.	Complément du prix d'une rente réversible de 1 franc.	Âge actuel du conjoint.	Complément du prix d'une rente réversible de 1 franc.
	ans.	ans.	ans.		ans.		ans.		aus.	
Tarif applicable pendant les quinze premières années d'invalidité..........	0	63	53	7f 9049	58	6f 5363	63	5f 1769	68	3f 9047
	1	64	54	6 9545	59	5 6251	64	4 3355	69	3 1731
	2	65	55	6 2844	60	4 9787	65	3 7400	70	2 6610
	3	66	56	5 8157	61	4 5220	66	3 3198	71	2 3033
	4	67	57	5 4848	62	4 1948	67	3 0191	72	2 0498
	5	68	58	5 2460	63	3 9544	68	2 7984	73	1 8661
	6	69	59	5 0668	64	3 7709	69	2 6309	74	1 7291
	7	70	60	4 9252	65	3 6239	70	2 4982	75	1 6228
	8	71	61	4 8066	66	3 5006	71	2 3884	76	1 5374
	9	72	62	4 7009	67	3 3921	72	2 2938	77	1 4662
	10	73	63	4 6011	68	3 2922	73	2 2090	78	1 4046
	11	74	64	4 5023	69	3 1963	74	2 1302	79	1 3490
	12	75	65	4 4016	70	3 1021	75	2 0554	80	1 2978
	13	76	66	4 2975	71	3 0080	76	1 9831	81	1 2498
	14	77	67	4 1888	72	2 9126	77	1 9123	82	1 2044
Tarif 3 1/2 p. o/o C. R.	15	78	68	4 0751	73	2 8159	78	1 8424	83	1 1614

NATURE DES TARIFS.	TEMPS ÉCOULÉ depuis l'accident.	ÂGE actuel de l'invalide.	ÂGE DE L'INVALIDE AU MOMENT DE L'ACCIDENT : 64 ANS. DIFFÉRENCES D'ÂGES.							
			+ 10 ans.		— 5 ans.		0.		— 5 ans.	
			Âge actuel du conjoint.	Complément du prix d'une rente réversible de 1 franc.	Âge actuel du conjoint.	Complément du prix d'une rente réversible de 1 franc.	Âge actuel du conjoint.	Complément du prix d'une rente réversible de 1 franc.	Âge actuel du conjoint.	Complément du prix d'une rente réversible de 1 franc.
	ans.	ans.	ans.		ans.		ans.		ans.	
Tarif applicable pendant les quinze premières années d'invalidité.........	0	64	54	7^f 7870	59	6^f 3956	64	5^f 0204	69	3^f 7514
	1	65	55	6 8631	60	5 5109	65	4 2684	70	3 0516
	2	66	56	6 2106	61	4 8830	66	3 6345	71	2 5627
	3	67	57	5 7523	62	4 4378	67	3 2291	72	2 2212
	4	68	58	5 4267	63	4 1176	68	2 9384	73	1 9793
	5	69	59	5 1889	64	3 8805	69	2 7242	74	1 8039
	6	70	60	5 0077	65	3 6976	70	2 5605	75	1 6724
	7	71	61	4 8621	66	3 5499	71	2 4299	76	1 5703
	8	72	62	4 7378	67	3 4248	72	2 3211	77	1 4878
	9	73	63	4 6251	68	3 3134	73	2 2266	78	1 4185
	10	74	64	4 5175	69	3 2097	74	2 1413	79	1 3578
	11	75	65	4 4107	70	3 1101	75	2 0620	80	1 3031
	12	76	66	4 3024	71	3 0123	76	1 9867	81	1 2527
	13	77	67	4 1910	72	2 9145	77	1 9139	82	1 2057
	14	78	68	4 0756	73	2 8163	78	1 8428	83	1 1617
Tarif 3 1/2 p. o/o C. R.	15	79	69	3 9565	74	2 7182	79	1 7732	84	1 1217

NATURE DES TARIFS.	TEMPS ÉCOULÉ depuis l'accident.	ÂGE actuel de l'invalide.	ÂGE DE L'INVALIDE AU MOMENT DE L'ACCIDENT : 65 ANS.							
			DIFFÉRENCES D'ÂGES.							
			+10 ans.		+5 ans.		0.		—5 ans.	
			Âge actuel du conjoint.	Complément du prix d'une rente réversible de 1 franc.	Âge actuel du conjoint.	Complément du prix d'une rente réversible de 1 franc.	Âge actuel du conjoint.	Complément du prix d'une rente réversible de 1 franc.	Âge actuel du conjoint.	Complément du prix d'une rente réversible de 1 franc.
	ans.	ans.	ans.		ans.		ans.		ans.	
Tarif applicable pendant les quinze premières années d'invalidité.........	0	65	55	7f 6641	60	6f 2498	65	4f 8617	70	3f 5997
	1	66	56	6 7657	61	5 3915	66	4 0794	71	2 9312
	2	67	57	6 1299	62	4 7815	67	3 5269	72	2 4649
	3	68	58	5 6817	63	4 3481	68	3 1364	73	2 1397
	4	69	59	5 3608	64	4 0349	69	2 8558	74	1 9095
	5	70	60	5 1235	65	3 8010	70	2 6479	75	1 7421
	6	71	61	4 9400	66	3 6191	71	2 4881	76	1 6162
	7	72	62	4 7901	67	3 4710	72	2 3598	77	1 5182
	8	73	63	4 6599	68	3 3440	73	2 2521	78	1 4385
	9	74	64	4 5402	69	3 2296	74	2 1579	79	1 3708
	10	75	65	4 4250	70	3 1227	75	2 0725	80	1 3113
	11	76	66	4 3109	71	3 0197	76	1 9929	81	1 2576
	12	77	67	4 1955	72	2 9185	77	1 9172	82	1 2083
	13	78	68	4 0776	73	2 8180	78	1 8442	83	1 1629
	14	79	69	3 9570	74	2 7186	79	1 7736	84	1 1220
Tarif 3 1/2 p. o/o C. R.	15	80	70	3 8330	75	2 6194	80	1 7046	85	1 0851

NATURE DES TARIFS.	TEMPS ÉCOULÉ depuis l'accident.	ÂGE actuel de l'invalide.	ÂGE DE L'INVALIDE AU MOMENT DE L'ACCIDENT : 66 ANS. DIFFÉRENCES D'ÂGES.							
			+10 ans.		+5 ans.		0.		−5 ans.	
			Âge actuel du conjoint.	Complément du prix d'une rente réversible de 1 franc.	Âge actuel du conjoint.	Complément du prix d'une rente réversible de 1 franc.	Âge actuel du conjoint.	Complément du prix d'une rente réversible de 1 franc.	Âge actuel du conjoint.	Complément du prix d'une rente réversible de 1 franc.
	ans.	ans.	ans.		ans.		ans.		ans.	
Tarif applicable pendant les quinze premières années d'invalidité.........	0	66	56	7f 5352	61	6f 0986	66	4f 7010	71	3f 4496
	1	67	57	6 6614	62	5 2663	67	3 9485	72	2 8119
	2	68	58	6 0420	63	4 6745	68	3 4175	73	2 3683
	3	69	59	5 6032	64	4 2530	69	3 0420	74	2 0594
	4	70	60	5 2863	65	3 9465	70	2 7711	75	1 8404
	5	71	61	5 0494	66	3 7163	71	2 5698	76	1 6800
	6	72	62	4 8635	67	3 5358	72	2 4139	77	1 5608
	7	73	63	4 7091	68	3 3872	73	2 2880	78	1 4666
	8	74	64	4 5727	69	3 2581	74	2 1815	79	1 3891
	9	75	65	4 4462	70	3 1411	75	2 0877	80	1 3231
	10	76	66	4 3242	71	3 0313	76	2 0025	81	1 2650
	11	77	67	4 2035	72	2 9255	77	1 9229	82	1 2128
	12	78	68	4 0818	73	2 8218	78	1 8473	83	1 1653
	13	79	69	3 9588	74	2 7202	79	1 7748	84	1 1230
	14	80	70	3 8334	75	2 6197	80	1 7048	85	1 0854
Tarif 3 1/2 p. o/o C. R.	15	81	71	3 7057	76	2 5203	81	1 6372	86	1 0525

NATURE DES TARIFS.	TEMPS ÉCOULÉ depuis l'accident.	ÂGE actuel de l'invalide.	ÂGE DE L'INVALIDE AU MOMENT DE L'ACCIDENT : 67 ANS. DIFFÉRENCES D'ÂGES.							
			+ 10 ans.		+ 5 ans.		0.		— 5 ans.	
			Âge actuel du conjoint.	Complément du prix d'une rente réversible de 1 franc.	Âge actuel du conjoint.	Complément du prix d'une rente réversible de 1 franc.	Âge actuel du conjoint.	Complément du prix d'une rente réversible de 1 franc.	Âge actuel du conjoint.	Complément du prix d'une rente réversible de 1 franc.
	ans.	ans.	ans.		ans.		ans.		ans.	
Tarif applicable pendant les quinze premières années d'invalidité..........	0	67	57	7^f 3993	62	5^f 9417	67	4^f.5389	72	3^f 3013
	1	68	58	6 5501	63	5 1358	68	3 8164	73	2 6945
	2	69	59	5 9465	64	4 5624	69	3 3068	74	2 2734
	3	70	60	5 5166	65	4 1525	70	2 9459	75	1 9802
	4	71	61	5 2037	66	3 8533	71	2 6850	76	1 7723
	5	72	62	4 9669	67	3 6271	72	2 4901	77	1 6207
	6	73	63	4 7784	68	3 4480	73	2 3384	78	1 5060
	7	74	64	4 6191	69	3 2986	74	2 2149	79	1 4151
	8	75	65	4 4770	70	3 1680	75	2 1098	80	1 3402
	9	76	66	4 3443	71	3 0488	76	2 0168	81	1 2761
	10	77	67	4 2162	72	2 9364	77	1 9319	82	1 2197
	11	78	68	4 0894	73	2 8283	78	1 8527	83	1 1695
	12	79	69	3 9629	74	2 7238	79	1 7778	84	1 1254
	13	80	70	3 8353	75	2 6213	80	1 7062	85	1 0865
	14	81	71	3 7061	76	2 5207	81	1 6375	86	1 0527
Tarif 3 1/2 p. o/o C. R.	15	82	72	3 5749	77	2 4214	82	1 5715	87	1 0235

NATURE DES TARIFS.	TEMPS ÉCOULÉ depuis l'accident.	ÂGE actuel de l'invalide.	ÂGE DE L'INVALIDE AU MOMENT DE L'ACCIDENT : 68 ANS. DIFFÉRENCES D'ÂGES.							
			+10 ans.		+5 ans.		0.		— 5 ans.	
			Âge actuel du conjoint.	Complément du prix d'une rente réversible de 1 franc.	Âge actuel du conjoint.	Complément du prix d'une rente réversible de 1 franc.	Âge actuel du conjoint.	Complément du prix d'une rente réversible de 1 franc.	Âge actuel du conjoint.	Complément du prix d'une rente réversible de 1 franc.
	ans.	ans.	ans.		ans.		ans.		ans.	
Tarif applicable pendant les quinze premières années d'invalidité..........	0	68	58	7^f 2564	63	5^f 7795	68	4^f 3759	73	3^f 1555
	1	69	59	6 4311	64	5 0002	69	3 6831	74	2 5793
	2	70	60	5 8429	65	4 4450	70	3 1948	75	2 1801
	3	71	61	5 4217	66	4 0473	71	2 8486	76	1 9024
	4	72	62	5 1124	67	3 7557	72	2 5976	77	1 7055
	5	73	63	4 8756	68	3 5334	73	2 4093	78	1 5615
	6	74	64	4 6840	69	3 3552	74	2 2616	79	1 4514
	7	75	65	4 5203	70	3 2055	75	2 1406	80	1 3641
	8	76	66	4 3729	71	3 0735	76	2 0369	81	1 2917
	9	77	67	4 2347	72	2 9524	77	1 9450	82	1 2298
	10	78	68	4 1012	73	2 8384	78	1 8610	83	1 1759
	11	79	69	3 9699	74	2 7298	79	1 7827	84	1 1292
	12	80	70	3 8390	75	2 6246	80	1 7089	85	1 0885
	13	81	71	3 7077	76	2 5221	81	1 6386	86	1 0537
	14	82	72	3 5753	77	2 4217	82	1 5719	87	1 0238
Tarif 3 1/2 p. o/o C. R.	15	83	73	3 4412	78	2 3225	83	1 5082	88	0 9978

NATURE DES TARIFS.	TEMPS ÉCOULÉ depuis l'accident.	ÂGE actuel de l'invalide.	ÂGE DE L'INVALIDE AU MOMENT DE L'ACCIDENT : 69 ANS. DIFFÉRENCES D'ÂGES.							
			+10 ans.		+5 ans.		0.		—5 ans.	
			Âge actuel du conjoint.	Complément du prix d'une rente réversible de 1 franc.	Âge actuel du conjoint.	Complément du prix d'une rente réversible de 1 franc.	Âge actuel du conjoint.	Complément du prix d'une rente réversible de 1 franc.	Âge actuel du conjoint.	Complément du prix d'une rente réversible de 1 franc.
	ans.	ans.	ans.		ans.		ans.		ans.	
Tarif applicable pendant les quinze premières années d'invalidité........	0	69	59	7f 1061	64	5f 6126	69	4f 2125	74	3f 0130
	1	70	60	6 3044	65	4 8599	70	3 5494	75	2 4666
	2	71	61	5 7314	66	4 3234	71	3 0822	76	2 0889
	3	72	62	5 3187	67	3 9382	72	2 7506	77	1 8264
	4	73	63	5 0129	68	3 6540	73	2 5095	78	1 6400
	5	74	64	4 7755	69	3 4351	74	2 3274	79	1 5027
	6	75	65	4 5812	70	3 2584	75	2 1839	80	1 3976
	7	76	66	4 4135	71	3 1086	76	2 0656	81	1 3137
	8	77	67	4 2616	72	2 9755	77	1 9637	82	1 2442
	9	78	68	4 1186	73	2 8534	78	1 8731	83	1 1852
	10	79	69	3 9809	74	2 7392	79	1 7904	84	1 1351
	11	80	70	3 8456	75	2 6302	80	1 7134	85	1 0921
	12	81	71	3 7114	76	2 5252	81	1 6412	86	1 0557
	13	82	72	3 5769	77	2 4231	82	1 5730	87	1 0247
	14	83	73	3 4416	78	2 3229	83	1 5085	88	0 9981
Tarif 3 1/2 p. o/c C. R.	15	84	74	3 3041	79	2 2225	84	1 4474	89	0 9723

NATURE DES TARIFS.	TEMPS ÉCOULÉ depuis l'accident.	ÂGE actuel de l'invalide.	ÂGE DE L'INVALIDE AU MOMENT DE L'ACCIDENT : 70 ANS. DIFFÉRENCES D'ÂGES.							
			+10 ans.		+5 ans.		0.		−5 ans.	
			Âge actuel du conjoint.	Complément du prix d'une rente réversible de 1 franc.	ge actuel du conjoint.	Complément du prix d'une rente réversible de 1 franc.	Âge actuel du conjoint.	Complément du prix d'une rente réversible de 1 franc.	Âge actuel du conjoint.	Complément du prix d'une rente réversible de 1 franc.
	ans.	ans.	ans.		ans.		ans.		ans.	
Tarif applicable pendant les quinze premières années d'invalidité........	0	70	60	6^f 9481	65	5^f 4411	70	4^f 0492	75	2^f 8739
	1	71	61	6 1699	66	4 7157	71	3 4155	76	2 3568
	2	72	62	5 6118	67	4 1982	72	2 9692	77	2 0001
	3	73	63	5 2074	68	3 8252	73	2 6521	78	1 7522
	4	74	64	4 9045	69	3 5478	74	2 4205	79	1 5753
	5	75	65	4 6670	70	3 3329	75	2 2449	80	1 4449
	6	76	66	4 4705	71	3 1578	76	2 1056	81	1 3446
	7	77	67	4 2994	72	3 0080	77	1 9901	82	1 2644
	8	78	68	4 1436	73	2 8747	78	1 8903	83	1 1984
	9	79	69	3 9971	74	2 7531	79	1 8016	84	1 1436
	10	80	70	3 8558	75	2 6389	80	1 7205	85	1 0975
	11	81	71	3 7174	76	2 5304	81	1 6454	86	1 0589
	12	82	72	3 5802	77	2 4259	82	1 5753	87	1 0265
	13	83	73	3 4430	78	2 3241	83	1 5095	88	0 9989
	14	84	74	3 3044	79	2 2228	84	1 4476	89	0 9725
Tarif 3 1/2 p. o/o C. R.	15	85	75	3 1642	80	2 1219	85	1 3894	90	0 9461

TABLEAU N° 5.

TARIF AUXILIAIRE POUR L'ÉVALUATION D'UNE RENTE VIAGÈRE
AU PROFIT D'UN PENSIONNAIRE VALIDE, RÉVERSIBLE SUR LA TÊTE DU CONJOINT.

(Table de mortalité C. R. — Taux 3 1/2 p. 100.)

ÂGE ACTUEL du pensionnaire.	DIFFÉRENCES D'ÂGES.							
	+10 ans.		+5 ans.		0.		−5 ans.	
	Âge actuel du conjoint.	Complément du prix d'une rente réversible de 1 franc.	Âge actuel du conjoint.	Complément du prix d'une rente réversible de 1 franc.	Âge actuel du conjoint.	Complément du prix d'une rente réversible de 1 franc.	Âge actuel du conjoint.	Complément du prix d'une rente réversible de 1 franc.
ans.	ans.		ans.		ans.		ans.	
20	"	"	"	"	20	2f 9347	25	2f 6136
21	"	"	"	"	21	2 9247	26	2 5917
22	"	"	"	"	22	2 9118	27	2 5656
23	"	"	"	"	23	2 8982	28	2 5379
24	"	"	"	"	24	2 8865	29	2 5120
25	"	"	20	3f 2512	25	2 8775	30	2 4889
26	"	"	21	3 2603	26	2 8720	31	2 4695
27	"	"	22	3 2747	27	2 8700	32	2 4539
28	"	"	23	3 2934	28	2 8710	33	2 4414
29	"	"	24	3 3140	29	2 8738	34	2 4304
30	20	3f 7669	25	3 3360	30	2 8778	35	2 4204
31	21	3 8070	26	3 3584	31	2 8826	36	2 4107
32	22	3 8495	27	3 3811	32	2 8880	37	2 4015
33	23	3 8941	28	3 4045	33	2 8942	38	2 3928
34	24	3 9407	29	3 4294	34	2 9016	39	2 3853
35	25	3 9887	30	3 4558	35	2 9099	40	2 3788
36	26	4 0382	31	3 4838	36	2 9195	41	2 3736
37	27	4 0883	32	3 5128	37	2 9295	42	2 3687
38	28	4 1389	33	3 5422	38	2 9398	43	2 3638
39	29	4 1894	34	3 5713	39	2 9497	44	2 3582
40	30	4 2395	35	3 5995	40	2 9589	45	2 3513
41	31	4 2896	36	3 6271	41	2 9674	46	2 3436
42	32	4 3399	37	3 6544	42	2 9756	47	2 3355
43	33	4 3910	38	3 6821	43	2 9838	48	2 3279

Âge actuel du pension-naire.	DIFFÉRENCES D'ÂGES.							
	+10 ans.		+5 ans.		0.		— 5 ans.	
	Âge actuel du conjoint.	Complément du prix d'une rente réversible de 1 franc.	Âge actuel du conjoint.	Complément du prix d'une rente réversible de 1 franc.	Âge actuel du conjoint.	Complément du prix d'une rente réversible de 1 franc.	Âge actuel du conjoint.	Complément du prix d'une rente réversible de 1 franc.
ans.	ans.		ans.		ans.		ans.	
44	34	4f4428	39	3f7105	44	2f9921	49	2f3211
45	35	4 4956	40	3 7399	45	3 0007	50	2 3155
46	36	4 5484	41	3 7694	46	3 0090	51	2 3106
47	37	4 6003	42	3 7978	47	3 0162	52	2 3054
48	38	4 6498	43	3 8234	48	3 0212	53	2 2984
49	39	4 6956	44	3 8448	49	3 0232	54	2 2886
50	40	4 7365	45	3 8608	50	3 0214	55	2 2746
51	41	4 7720	46	3 8710	51	3 0153	56	2 2558
52	42	4 8018	47	3 8757	52	3 0051	57	2 2324
53	43	4 8264	48	3 8762	53	2 9912	58	2 2051
54	44	4 8462	49	3 8733	54	2 9739	59	2 1742
55	45	4 8621	50	3 8682	55	2 9538	60	2 1406
56	46	4 8748	51	3 8617	56	2 9313	61	2 1050
57	47	4 8849	52	3 8540	57	2 9065	62	2 0676
58	48	4 8928	53	3 8447	58	2 8794	63	2 0288
59	49	4 8994	54	3 8339	59	2 8502	64	1 9890
60	50	4 9048	55	3 8209	60	2 8188	65	1 9483
61	51	4 9089	56	3 8054	61	2 7853	66	1 9072
62	52	4 9115	57	3 7870	62	2 7495	67	1 8658
63	53	4 9117	58	3 7653	63	2 7115	68	1 8242
64	54	4 9083	59	3 7395	64	2 6709	69	1 7822
65	55	4 9005	60	3 7093	65	2 6278	70	1 7399
66	56	4 8868	61	3 6738	66	2 5818	71	1 6970
67	57	4 8659	62	3 6323	67	2 5327	72	1 6532
68	58	4 8375	63	3 5848	68	2 4808	73	1 6087
69	59	4 8009	64	3 5313	69	2 4261	74	1 5640
70	60	4 7555	65	3 4717	70	2 3686	75	1 5188
71	61	4 7014	66	3 4065	71	2 3086	76	1 4735
72	62	4 6382	67	3 3363	72	2 2466	77	1 4284
73	63	4 5659	68	3 2609	73	2 1825	78	1 3834
74	64	4 4843	69	3 1803	74	2 1167	79	1 3382
75	65	4 3936	70	3 0951	75	2 0494	80	1 2930

DIFFÉRENCES D'ÂGES..

ÂGE ACTUEL du pensionaire.	+10 ans.		+5 ans.		0.		—5 ans.	
	Âge actuel du conjoint.	Complément du prix d'une rente réversible de 1 franc.	Âge actuel du conjoint.	Complément du prix d'une rente réversible de 1 franc.	Âge actuel du conjoint.	Complément du prix d'une rente réversible de 1 franc.	Âge actuel du conjoint.	Complément du prix d'une rente réversible de 1 franc.
ans.	ans.	.	ans.		ans.		ans.	
76	66	4f 2948	71	3f 0056	76	1f 9811	81	1f 2482
77	67	4 1884	72	2 9122	77	1 9119	82	1 2041
78	68	4 0751	73	2 8159	78	1 8424	83	1 1614
79	69	3 9565	74	2 7182	79	1 7732	84	1 1217
80	70	3 8335	75	2 6194	80	1 7046	85	1 0851
81	71	3 7057	76	2 5203	81	1 6372	86	1 0525
82	72	3 5749	77	2 4214	82	1 5715	87	1 0235
83	73	3 4412	78	2 3225	83	1 5082	88	0 9978
84	74	3 3041	79	2 2225	84	1 4474	89	0 9723
85	75	3 1642	80	2 1219	85	1 3894	90	0 9461
86	76	3 0214	81	2 0204	86	1 3342	91	0 9146
87	77	2 8764	82	1 9189	87	1 2817	92	0 8758
88	78	2 7295	83	1 8179	88	1 2311	93	0 8262
89	79	2 5836	84	1 7214	89	1 1815	94	0 7678
90	80	2 4389	85	1 6292	90	1 1313	95	0 6958
91	81	2 3009	86	1 5461	91	1 0791	96	0 6146
92	82	2 1716	87	1 4727	92	1 0236	97	0 5225
93	83	2 0556	88	1 4118	93	0 9641	98	0 4183
94	84	1 9522	89	1 3582	94	0 8989	99	0 2944
95	85	1 8677	90	1 3163	95	0 8274	100	0 1637
96	86	1 7999	91	1 2783	96	0 7481	101	0 0620
97	87	1 7514	92	1 2439	97	0 6577	102	
98	88	1 7274	93	1 2137	98	0 5513		
99	89	1 7471	94	1 2084	99	0 4271		
00	90	1 8276	95	1 2386	100	0 2910		

NOTICE *sur l'application des tarifs établis par la Caisse nationale des retraites pour l'exécution de la loi du 9 avril 1898, concernant les responsabilités des accidents dont les ouvriers sont victimes dans leur travail.*

Conjoints ou ascendants d'ouvriers tués.

.(Tableau I.)

1er problème. — Évaluation du prix d'une rente viagère au profit du conjoint ou d'un ascendant de la victime d'un accident mortel.

Solution. — Déterminer, à un demi-trimestre près, l'âge trimestriel du titulaire de la rente à la date de l'évaluation; lire, dans le tarif I, le prix d'une rente viagère de 1 franc correspondant à l'âge déterminé, si cet âge est représenté par un nombre entier d'années, ou le calculer par interpolation entre les prix qui correspondent aux deux âges annuels précédant et suivant l'âge trimestriel, s'il est représenté par un nombre fractionnaire d'années; multiplier par le prix, lu ou calculé, le montant annuel de la rente à évaluer; dans le produit, négliger les centimes, s'ils sont inférieurs à 50, ou augmenter d'une unité le chiffre des francs, si le produit présente 50 centimes ou plus.

Exemple. — Quel est le prix, à la date du 17 septembre 1899, d'une rente viagère de 184 francs reposant sur la tête d'une personne née le 28 janvier 1875?

Le titulaire de la rente a atteint l'âge de vingt-quatre ans et deux trimestres et demi, le 13 septembre 1899, et atteindra celui de vingt-quatre ans et trois trimestres le 28 octobre 1899. Il doit être considéré, à la date du 17 septembre 1899, comme âgé de vingt-quatre ans et trois trimestres.

Le prix d'une rente viagère de 1 franc est :

A 24 ans, de...	20f 1991
A 25 ans, de...	20 0582
La différence est de.............................	0 1409
En ajoutant au chiffre de.........................	20f 0582
le quart de cette différence, soit................	0 0352
on a le prix d'une rente viagère de 1 franc à l'âge déterminé	20 0934
Le produit de ce chiffre par le montant annuel de la rente.	× 184
soit..	3,697f 1856

ou en chiffres ronds, 3,697 francs, représente le prix cherché.

Enfants ou descendants d'ouvriers tués.

1ᵉʳ CAS. — RENTES INDIVIDUELLES.
(Tableau II.)

Les rentes temporaires prévues aux paragraphes B et C de l'article 3 de la loi du 9 avril 1898 sont nettement individuelles et s'éteignent entièrement en cas de décès des titulaires ou d'accomplissement de leur seizième année, lorsqu'il s'agit :

D'un orphelin unique de père *ou* de mère (15 p. o/o du salaire annuel de la victime);

D'un orphelin de père *et* de mère, dans une famille comptant trois orphelins au plus (20 p. 100 du salaire annuel de la victime, par orphelin);

D'un descendant (10 p. o/o du salaire annuel de la victime, sauf réduction proportionnelle lorsque le total des rentes prévues par le paragraphe C dépasse 30 p. o/o).

2ᵉ problème. — Évaluation du prix d'une rente temporaire au profit d'un orphelin unique de père *ou* de mère, d'un orphelin de père *et* de mère dans une famille comptant trois têtes au plus, ou d'un descendant.

Solution. — Comme dans le 1ᵉʳ problème, déterminer, à un demi-trimestre près, l'âge trimestriel du titulaire de la rente à la date de l'évaluation; lire, dans le tarif II, le prix d'une rente temporaire de 1 franc correspondant à l'âge déterminé, si cet âge est représenté par un nombre entier d'années, ou le calculer par interpolation entre les prix qui correspondent aux deux âges annuels précédant et suivant l'âge trimestriel, s'il est représenté par un nombre fractionnaire d'années; multiplier par le prix, lu ou calculé, le montant annuel de la rente à évaluer; dans le produit, négliger les centimes, s'ils sont inférieurs à 50, ou augmenter d'une unité le chiffre des francs, si le produit présente 50 centimes ou plus.

Exemple. — Quel est le prix, à la date du 8 février 1900, d'une rente temporaire de 135 francs reposant sur la tête d'une personne née le 4 octobre 1895.

Le titulaire de la rente a atteint l'âge de quatre ans et un trimestre le 4 janvier 1900 et atteindra celui de quatre ans et un trimestre et demi le 19 février 1900. Il doit être considéré, à la date du 8 février 1900, comme âgé de quatre ans et un trimestre.

Le prix d'une rente temporaire de 1 franc est :

A quatre ans, de..................................... 9ᶠ 5564
A cinq ans, de..................................... 8 9370
La différence est..................................... 0 6194

6.

En retranchant du chiffre de...................... 9ᶠ 5564

'   nart de cette différence, soit.................... 0 1548

on a le prix d'une rente temporaire de 1 franc à l'âge dé-

terminé.. 9 4016

Le produit de ce chiffre par le montant annuel de la rente. × 135

soit.. 1,269ᶠ 2160

ou, en chiffres ronds, 1,269 francs, représente le prix cherché.

2ᵉ CAS. — RENTES COLLECTIVES.

Les rentes temporaires constituées au profit de plusieurs orphelins de père *ou* de mère sont collectives, en ce sens qu'elles restent égales à 40 p. o/o du salaire annuel de la victime, tant que le nombre des orphelins âgés de moins de seize ans est supérieur ou égal à quatre, et qu'elles se réduisent successivement à 35 p. o/o, à 25 p. o/o et à 15 p. o/o du salaire, lorsque le nombre des orphelins qui y ont droit se réduit à trois têtes, deux têtes et une tête.

Lorsqu'il s'agit de familles d'orphelins de père *et* de mère comptant quatre têtes ou davantage, les rentes temporaires sont également collectives; elles ne sont réductibles de 60 p. o/o du salaire annuel de la victime, à 40 p. o/o et à 20 p. o/o, que lorsque le nombre des orphelins y ayant droit se réduit à deux têtes, puis à une tête.

3ᵉ problème. — Évaluation du prix d'une rente temporaire constituée au profit de plusieurs orphelins de père *ou* de mère, ou d'orphelins de père *et* de mère au nombre de quatre ou davantage, et réductible suivant les progressions indiquées à l'article 3, paragraphe B, de la loi du 9 avril 1898, au fur et à mesure de la diminution du nombre des orphelins ayant droit à la pension.

Solution. — Le nombre des combinaisons distinctes que l'on peut obtenir en faisant varier le nombre des enfants d'une même famille, âgés de seize ans au plus, et leurs âges respectifs, abstraction faite des combinaisons comprenant plusieurs enfants de même âge, dépasse 65,000. Le tarif nécessaire pour résoudre tous les problèmes particuliers correspondant à ces combinaisons devrait contenir plus de 65,000 termes. On ne saurait songer à publier, ni même à établir d'avance, un tel tarif, et on ne peut que se borner à l'établir terme par terme, au fur et à mesure des cas nouveaux du 3ᵉ problème qui se présenteront.

Pour obtenir la solution de ce problème, il y aura lieu de s'adresser à l'Administration de la Caisse nationale de retraites pour la vieillesse (Direction générale de la Caisse des dépôts et consignations, à Paris, rue de Lille, n° 56).

Ouvriers frappés d'incapacité permanente de travail.

4e problème. — Évaluation du prix d'une rente viagère au profit de la victime d'un accident ayant entraîné une incapacité permanente de travail.

1er CAS. — INCAPACITÉ ABSOLUE.

(Tableau III.)

Solution. — Déterminer, à une demi-année près, l'âge du pensionnaire au moment où il a été blessé et, à un demi-trimestre près, le temps écoulé depuis l'accident; lire, dans le tarif III, dans la colonne correspondant à l'âge à l'époque de l'accident, le prix d'une rente viagère de 1 franc correspondant au temps écoulé depuis l'accident, si l'ancienneté de l'invalidité est représentée par un nombre entier d'années, ou le calculer par interpolation entre les deux prix correspondant aux deux anciennetés, en nombres entiers d'années entre lesquelles se trouve comprise l'ancienneté déterminée, si elle est représentée par un nombre fractionnaire d'années; multiplier par le prix, lu ou calculé, le montant annuel de la rente à évaluer; dans le produit, négliger les centimes, s'ils sont inférieurs à 50, ou augmenter d'une unité le chiffre des francs, si le produit présente 50 centimes ou plus.

Exemple. — Un ouvrier, né le 25 novembre 1867, a été victime d'un accident survenu le 20 juin 1899, ayant entraîné une incapacité absolue et permanente de travail et à la suite duquel il a obtenu une pension de 660 francs. Quel est, à la date du 15 février 1903, le prix de cette pension?

La différence entre la date de l'accident, 20 juin 1899, et celle du trente-deuxième anniversaire de la naissance, 25 novembre 1899, étant inférieure à six mois, le blessé peut être considéré comme âgé de trente-deux ans à l'époque de l'accident. D'autre part, le temps écoulé depuis le 20 juin 1899, date de l'accident, jusqu'au 15 février 1903, date de l'évaluation de la pension, étant supérieur à trois ans et deux trimestres et demi, délai qui a été atteint le 5 février 1903, et inférieur à trois ans et trois trimestres, délai qui sera atteint le 20 mars 1903, peut être compté pour trois ans et trois trimestres.

Le prix d'une rente viagère de 1 franc sur la tête d'un invalide absolu, blessé à l'âge de trente-deux ans, est :

Trois ans après l'accident, de......................	15f 8794
Quatre ans après l'accident, de......................	16 3405
La différence est........................	0 4609

En ajoutant au chiffre de.............................. 15ᶠ 8794
les trois quarts de cette différence.................. 0 3457

on trouve...................................... 16 2251
Le produit de ce chiffre par le montant de la pension.. × 660

soit 10,708ᶠ 5660
ou, en chiffres ronds, 10,709 francs, représente le prix cherché.

2ᵉ CAS. — INCAPACITÉ PARTIELLE.

(Tableaux I et III combinés.)

Solution. — Déterminer d'abord, d'après le tarif III, comme si le pensionnaire était invalide absolu et soumis à la mortalité de la table C. R. I., le prix d'une rente viagère de 1 franc correspondant à son âge au moment où il a été blessé (calculé à une demi-année près) et au temps écoulé depuis ce moment (calculé à un demi-trimestre près); déterminer ensuite, d'après le tarif I, comme s'il était valide et soumis à la mortalité de la table C. R., le prix d'une rente viagère de 1 franc, correspondant à l'âge de compte obtenu en ajoutant à son âge à l'époque de l'accident le temps écoulé depuis, âge et temps calculés comme il vient d'être dit; retrancher de ce dernier prix une partie de son excédent sur le premier, proportionnelle à la réduction que l'accident a fait subir au salaire du blessé; multiplier ce reste par le montant annuel de la rente à évaluer; dans le produit, négliger les centimes ou augmenter d'une unité le chiffre des francs, suivant que le produit présente moins de 50 centimes ou 50 centimes au moins.

Exemple. — Un ouvrier, né le 25 novembre 1867, a été victime d'un accident survenu le 20 juin 1899, ayant entraîné une incapacité partielle et permanente de travail et à la suite duquel il a obtenu une pension de 167 francs, représentant la moitié d'une réduction d'un tiers sur un salaire annuel de 1,000 francs. Quel est, à la date du 15 février 1903, le prix de cette pension?

Les dates indiquées dans cet exemple étant les mêmes que celles de l'exemple donné sous le titre du 1ᵉʳ cas du 4ᵉ problème, le prix d'une rente viagère de 1 franc qu'il y aurait à appliquer si le pensionnaire en question était absolument invalide, est......................... 16ᶠ 2251

D'autre part, l'âge de compte de ce pensionnaire étant trente-cinq ans et trois trimestres, le prix d'une rente viagère de 1 franc obtenue par interpolation, comme à l'exemple donné sous le titre du 1ᵉʳ problème, entre 18 fr. 1758 et 17 fr. 9455 (prix correspondant à 35 ans et à 36 ans, d'après le tarif I) et qu'il y aurait à appliquer si le pensionnaire était valide, est........... 18 0031

L'excédent de ce dernier prix sur le premier est........... 1 7780

En retranchant du chiffre de...................... 18' 0031
le tiers de cet excédent......................... 0 5927

on trouve un reste de........................... 17 4104
Le produit de ce reste par le montant de la pension..... × 167

soit.. 2,907' 5368

ou, en chiffres ronds, 2,908 francs, représente le prix cherché.

Rentes réversibles.

5ᵉ problème. — Détermination du montant de la rente viagère qui peut être constituée sur la tête de la victime d'un accident ayant entraîné une incapacité permanente de travail, avec réversibilité de la moitié au plus sur la tête de son conjoint, pour un prix égal au capital représentant la pension entière du blessé, lors du règlement définitif de la pension, ou à ce capital réduit de la somme attribuée en espèces au blessé, jusqu'à concurrence du quart au plus.

1ᵉʳ CAS. — INCAPACITÉ ABSOLUE.
(Tableaux III et IV combinés.)

Solution. — Calculer le prix d'une rente viagère de 1 franc, à raison de l'âge du pensionnaire au moment où il a été blessé, et du temps écoulé depuis ce moment, et le prix de sa pension entière, conformément à la solution donnée pour le problème concernant les rentes sur les têtes d'invalides absolus (1ᵉʳ cas du 4ᵉ problème); déterminer, à deux ans et demi près, la différence existant entre l'âge du pensionnaire et celui du conjoint, en d'autres termes, considérer l'âge du pensionnaire et l'âge de son conjoint comme présentant un excédent conventionnel :

Du premier sur le second, de dix ans (+ 10 ans), lorsque l'excédent réel est inférieur à douze ans et demi et supérieur à sept ans et demi;

Du premier sur le second, de cinq ans (+ 5 ans), lorsque l'excédent réel est inférieur à sept ans et demi et supérieur à deux ans et demi;

Nul (0 an), lorsque la différence réelle d'âge, en plus ou en moins, ne dépasse pas deux ans et demi;

Du second sur le premier, de cinq ans (— 5 ans), lorsque l'excédent réel est compris entre deux ans et demi et sept ans et demi.

Lire, dans le tarif IV, sous le titre de l'âge à attribuer au blessé à l'époque de l'accident, dans la colonne afférente à la différence conventionnelle entre les âges des deux époux, le complément de prix d'une rente viagère et reversible d'un franc, correspondant au temps écoulé depuis l'accident, si l'ancienneté de l'invalidité est représentée par un nombre entier d'années, ou le calculer par interpolation entre les deux compléments de prix correspondant aux deux anciennetés, en nombres entiers d'années, entre lesquelles se trouve l'ancienneté déterminée, si elle est représentée par un nombre fractionnaire d'années; multiplier le complément, lu ou calculé, par la fraction exprimant la proportion dans laquelle la rente viagère à déterminer doit être réversible; former le total du produit ainsi obtenu et du prix d'une rente viagère de 1 franc, calculé d'abord à raison de l'âge du pensionnaire au moment où il a été blessé, et du temps écoulé depuis; diviser par ce total le capital représentant la pension entière du blessé ou ce capital réduit de la somme qui est attribuée en espèces au blessé; dans le quotient, négliger les décimales ou augmenter d'une unité le chiffre des francs, suivant que le quotient présente moins de 50 centimes ou 50 centimes au moins.

Exemple. — L'ouvrier visé à l'exemple donné sous le titre du problème concernant les rentes sur les têtes d'invalides absolus (1ᵉʳ cas du 4ᵉ problème) a demandé et obtenu que le cinquième du capital de sa pension lui soit attribué en espèces et qu'il soit constitué sur sa tête une rente réversible pour un tiers sur la tête de sa femme qui est née le 8 septembre 1874. Quels sont, à la date du 15 février 1903, la somme à verser à cet ouvrier et le montant de la rente à constituer sur sa tête, avec réversion du tiers au profit de sa femme?

En se reportant au 1ᵉʳ cas du 4ᵉ problème, on constate qu'à la date du 15 février 1903 le prix d'une rente viagère de 1 franc, sur la tête seule du blessé, est de 16 fr. 2251, et que le capital de sa pension de 660 francs est.. 10,709ᶠ

La somme qui peut lui être versée est le cinquième de ce capital, soit.. 2,142

Il reste pour constituer la pension réversible.............. 8,567

La différence entre la date de naissance de l'invalide, 25 novembre 1867, et celle de la naissance de son conjoint, 8 septembre 1874, étant supérieure à cinq ans (25 novembre 1872) et inférieure à sept ans et demi (25 mai 1875), on peut admettre un excédent conventionnel de l'âge du mari sur celui de la femme, de cinq ans.

D'après le tarif IV, pour un pensionnaire blessé à l'âge de trente-deux ans et pour un conjoint plus jeune de cinq ans, le complément de prix d'une rente de 1 franc, viagère et réversible en totalité, est :

Trois ans après l'accident........................... 5ᶠ 4086
Quatre ans après l'accident......................... 4 8469

La différence est.................................... 0 5617

En ajoutant au chiffre de........................... 4ᶠ 8469
le quart de cette différence, soit.................... 0 1404

on trouve... 4 9873

complément de prix d'une rente de 1 franc, viagère et réversible en totalité, lorsqu'il s'est écoulé trois ans et trois trimestres depuis l'accident, que le blessé était âgé de trente-deux ans à l'époque de l'accident et marié à une personne ayant cinq ans de moins que lui.

La réversion ne devant, dans l'espèce, s'exercer que pour un tiers, le complément de prix est égal au tiers de 4 fr. 9873, soit..... 1ᶠ 6624

Le total de ce prix et de celui d'une rente viagère de 1 franc reposant sur la seule tête de l'invalide.................. 16 2251

est... 17 8875

Le quotient du capital restant applicable à la constitution de la rente viagère, 8,567 francs, par le chiffre de 17 fr. 8875, soit 478 fr. 93..., ou, en chiffres ronds, 479 francs, représente le montant annuel de la rente viagère et réversible pour un tiers, à déterminer.

2ᵉ CAS. — INCAPACITÉ PARTIELLE.
(Tableaux I, III, IV et V combinés.)

Solution. — Calculer le prix d'une rente viagère de 1 franc, à raison de l'âge du pensionnaire, au moment où il a été blessé, et du temps écoulé depuis ce moment, et le prix de sa pension entière, conformément à la solution donnée par le problème concernant les rentes sur les têtes d'invalides partiels (2ᵉ cas du 4ᵉ problème); calculer ensuite, d'après le tarif IV, comme si le pensionnaire était invalide absolu, le complément de prix d'une rente de 1 franc, viagère et réversible en totalité, ainsi qu'il a été indiqué pour le premier cas du problème concernant les rentes réversibles; calculer enfin, d'après le tarif V, comme si le pensionnaire était valide, le complément de prix d'une rente de 1 franc, viagère et réversible en totalité, correspondant à la différence conventionnelle entre les âges des conjoints et à l'âge obtenu, pour le blessé, en ajoutant à son âge à l'époque de l'accident (calculé à une demi-année près) le temps écoulé depuis (à un demi-trimestre près); ajouter à ce dernier complément une partie de la différence qu'il présente avec le premier, proportionnelle à la réduction que l'accident a fait subir au salaire du blessé; multiplier le complément du prix ainsi interpolé par la fraction exprimant la proportion dans laquelle la rente viagère à déterminer doit être réversible; former le total de ce produit et du prix d'une rente viagère de 1 franc, calculé d'abord conformément à la solution du 2ᵉ cas du 4ᵉ problème; diviser par ce total le capital représentant la pension entière du blessé ou ce capital réduit de la somme qui lui est attribuée en espèces; dans le quotient négliger les décimales ou augmenter d'une unité le chiffre des francs, suivant que le quotient présente moins de 50 centimes ou 50 centimes au moins.

Exemple. — L'ouvrier visé à l'exemple donné sous le titre du problème relatif aux rentes sur les têtes des invalides partiels (2ᵉ cas du 4ᵉ problème) a demandé et obtenu que les deux neuvièmes du capital de sa pension lui soient attribués en espèces et qu'il soit constitué sur sa tête une rente réversible pour trois septièmes sur la tête de sa femme qui est née le 8 septembre 1874. Quels sont, à la date du 15 février 1903, la somme à verser à cet ouvrier et le montant de la rente à constituer sur sa tête avec réversion des trois septièmes au profit de sa femme?

En se reportant au 2ᵉ cas du 4ᵉ problème précité, on constate qu'à la date du 15 février 1903, le prix d'une rente viagère de 1 franc, sur la tête seule du blessé, est de 17 fr. 4104, et que le capital de sa pension de 167 francs est de.. 2,908ᶠ

La somme qui peut lui être versée est égale aux deux neuvièmes de ce capital, soit.. 646

Il reste.. 2,262

pour constituer la pension réversible.

D'ailleurs, si le pensionnaire était invalide absolu, le complément de prix d'une rente de 1 franc, viagère et réversible en totalité serait 4 fr. 9873, d'après l'exemple du 1ᵉʳ cas du 5ᵉ problème.

D'autre part, si le pensionnaire était valide, la différence conventionnelle entre les âges des deux conjoints étant cinq ans et l'âge de compte du blessé étant trente-cinq ans et trois trimestres, le complément de prix d'une rente de 1 franc, viagère et réversible, serait, d'après le tarif V, égal à la différence entre.. 3ᶠ 4838

complément de prix correspondant à la combinaison d'âges : 36 ans-31 ans, et le quart de son excédent sur 3 fr. 4558, complément correspondant à la combinaison d'âges : 35 ans-30 ans.   0 0070

soit.. 3 4768
la différence entre ce complément de prix et le premier....... 4 9873

est.. 1 5105

En ajoutant au chiffre de.. 3ᶠ 4768
le tiers de cette différence.. 0 5035

on trouve.. 3 9803

complément de prix d'une rente de 1 franc, viagère et réversible en totalité, lorsque l'accident a causé une réduction de salaire d'un tiers, que l'âge du blessé à cette époque était de trente-deux ans, qu'il s'est écoulé depuis l'accident trois ans et trois trimestres et que le conjoint du blessé est plus jeune que lui de cinq ans.

La réversion ne devant, dans l'espèce, s'exercer que pour trois septièmes, le complément de prix dont il y a lieu de tenir compte est égal aux trois septièmes de 3 fr. 9803, soit.. 1ᶠ 7058

Le total de ce complément et du prix d'une rente viagère de 1 franc reposant sur la seule tête du blessé............... 17 4104

est.. 19 1162

Le quotient du capital restant applicable à la constitution de la rente viagère, 2,262 francs, par le chiffre de 19 fr. 1162, soit 118 fr. 32..., ou,

en chiffres ronds, 118 francs, représente le montant annuel de la rente viagère et réversible pour trois septièmes, à déterminer.

NOTA. — L'application des tarifs IV et V aux problèmes de la nature des deux
problèmes précédents ne conduit à une solution qui puisse être considérée comme
suffisamment exacte que lorsque l'écart entre la différence réelle que présentent les
âges des conjoints et la différence conventionnelle est inférieur à une demi-année.
Lorsque cet écart dépasse cette limite et qu'il atteint deux ans et demi, la solution
obtenue à l'aide des tarifs en question ne doit être considérée que comme ap-
proximative.

Pour atteindre, dans tous les cas, le degré d'exactitude que comporte la détermination des différences d'âges à une demi-année près, il est nécessaire d'employer des
tarifs plus détaillés que les tarifs IV et V et dans lesquels la variation des différences
conventionnelles est d'un an au lieu de cinq ans. Ces tarifs détaillés étant conservés
à l'état manuscrit par l'administration de la Caisse nationale des retraites, il y aura
lieu de s'adresser à cette administration (Direction générale de la Caisse des dépôts
et consignations, à Paris, rue de Lille, n° 56) pour obtenir la solution exacte des
problèmes dont il s'agit.

www.ingramcontent.com/pod-product-compliance
Lightning Source LLC
Chambersburg PA
CBHW050613210326
41521CB00008B/1235